高等学校"十二五"规划教材

计算机辅助翻译教程

（第2版）

主　编：潘学权　　崔启亮
副主编：黄红兵　　孟留军
编　者：崔启亮　　何　荷　　黄红兵
　　　　刘永亮　　吕占文　　孟留军
　　　　潘学权　　吴德岩　　郑玉斌
　　　　周兴华

北京师范大学出版集团
BEIJING NORMAL UNIVERSITY PUBLISHING GROUP
安徽大学出版社

图书在版编目(CIP)数据

计算机辅助翻译教程/潘学权,崔启亮主编.—2版.—合肥:安徽大学出版社,2020.8
(2022.1重印)

ISBN 978-7-5664-2067-1

Ⅰ.①计… Ⅱ.①潘… ②崔… Ⅲ.①自动翻译系统－高等学校－教材 Ⅳ.①TP391.2

中国版本图书馆 CIP 数据核字(2020)第 125723 号

计算机辅助翻译教程(第2版)

JISUANJI FUZHU FANYI JIAOCHENG

潘学权　崔启亮　主编

出版发行:北京师范大学出版集团
　　　　　安 徽 大 学 出 版 社
　　　　　(安徽省合肥市肥西路3号 邮编230039)
　　　　　www.bnupg.com.cn
　　　　　www.ahupress.com.cn
印　　刷:安徽省人民印刷有限公司
经　　销:全国新华书店
开　　本:184 mm×260 mm
印　　张:14.25
字　　数:340 千字
版　　次:2020 年 8 月第 2 版
印　　次:2022 年 1 月第 2 次印刷
定　　价:39.90 元
ISBN 978-7-5664-2067-1

策划编辑:李　梅　葛灵知　　　　　　　装帧设计:李　军
责任编辑:葛灵知　李　雪　　　　　　　美术编辑:李　军
责任校对:韦　玮　　　　　　　　　　　责任印制:赵明炎

前　言

随着我国政治、经济、文化对外交往频繁,翻译在国民经济与社会发展中扮演着越来越重要的角色。翻译从业人员数量不断增加,翻译人员的素质要求也不断提高。翻译已经成为一个产业,翻译人才培养也逐渐走向专业化。2006 年教育部批准在 3 所高等院校试办翻译本科专业,2007 年国务院学位委员会批准设置翻译硕士专业,培养翻译专业人才。截至2019 年,全国共有 281 所高校获得教育部批准开办翻译本科专业,253 所高校获得了翻译专业硕士培养资格。

信息化时代的翻译工作应用多种翻译技术和工具作为辅助,借助计算机辅助翻译软件、机器翻译软件和翻译质量保证工具进行,即利用语料库、术语库、云翻译技术等信息技术手段实现翻译工作的数字化。翻译项目管理要通过计算机辅助翻译软件及翻译项目管理平台进行;翻译任务也是通过平台进行在线分配或在线接单。由此可见,计算机辅助翻译技术是信息化时代翻译人才的必备技能,也是各大翻译公司或语言服务行业对译员的要求之一。因此,大部分高校翻译本科专业、部分高校英语本科专业开设了"计算机辅助翻译"课程,这门课程同时也是翻译硕士专业学位(MTI)教学的核心课程之一。

为帮助大学生及翻译从业者尽快掌握翻译技术、提高翻译效率与提升翻译质量,2016年本人组织本领域学者编写出版了《计算机辅助翻译教程》,并得到了专家及广大读者的认可。为了适应计算机辅助翻译技术发展与变化,本教材在第一版基础上进行了修订与更新,增加了本地化技术、在线计算机翻译软件应用以及在线接单翻译等方面的内容。编写者既有高校教授"计算机辅助翻译"课程的教师,也有翻译项目管理人员及资深译员。

本教材适用对象主要为翻译专业及英语专业本科生,也可以作为翻译硕士、外语学科翻译方向研究生、翻译从业人员以及翻译爱好者的参考用书。作为计算机辅助翻译的入门教材,本教材主要有以下特点:

1. 以实践为主,注重实际操作　本教材操作步骤详细,图像示例丰富,有助于学生动手操作能力的培养。既能为教师课堂教学提供帮助,又有利于学生自主学习。

2. 充分考虑职业译者的工作特征,为学生未来就业提供全面的职业技能培训　教材内容涉及计算机辅助翻译技术的方方面面,重点介绍了国内外一些有影响力的计算机辅助翻译软件;阐述了翻译质量监控及翻译项目管理。

3. 紧跟计算机辅助翻译技术发展,确保教材的科学性与时代性　教材编写过程中,充分考虑市场上各种翻译工具或软件的更新升级与推陈出新,努力使教材内容紧跟时代发展,与各翻译企业使用工具或软件保持一致。

本教材由潘学权、崔启亮主编,黄红兵、孟留军统稿。各章节编写人员如下:第一章,潘学权（淮北师范大学）；第二章，孟留军、潘学权（淮北师范大学）；第三章，刘永亮、潘学权（淮北师范大学）；第四章，吴德岩（华夷通译信息技术有限公司）；第五章，崔启亮（对外经济贸易大学）；第六章，黄红兵（安徽理工大学）；第七章，孟留军（淮北师范大学）；第八章，何荷（淮北师范大学）；第九章，郑玉斌（淮南师范学院）；第十章，周兴华（鲁东大学）；第十一章，崔启亮（对外经济贸易大学）。

潘学权

2020 年 4 月

目　录

第一章 计算机辅助翻译技术基础

一、计算机辅助翻译的概念

计算机辅助翻译(Computer-Assisted Translation/Computer-Aided Translation,CAT)是翻译人员借助计算机辅助翻译技术或工具进行的一种翻译形式。

计算机辅助翻译从机器翻译或计算机翻译发展而来,但不同于机器翻译(Machine Translation,MT)。机器翻译,又称为计算机翻译或者自动翻译,是利用计算机把一种源语言自动转变为目标语言的过程。机器翻译是全自动翻译,整个翻译过程中机器或计算机是主角,翻译工作完全由机器或计算机自动完成,翻译人员的工作主要是输入原文,输出译文并编辑。机器翻译能在短时间内完成大量翻译任务,所需成本极低。但是机器翻译通常利用机器识别语法,调用存储的词库,自动进行对应翻译,常常导致错误、曲解、语句不通等,翻译结果通常不忍卒读,必须通过人工纠正、修改与编辑,其所需时间有时几乎相当于人工翻译所需时间。因此,机器翻译无法完全取代人工翻译。

与机器翻译不同,计算机辅助翻译过程中译员是翻译工作的主角,各种计算机辅助翻译技术或工具起着辅助作用。译员借助翻译技术或工具完成翻译任务,翻译过程中译员与计算机各有分工。传统机器翻译主要采取"人助机译"模式,是以计算机为主导实现的翻译形式,译员的主要工作是输入文本与修改译文。计算机辅助翻译过程可能包含"人助机译"步骤,但主要采用"机助人译"模式,是"人助机译"与"机助人译"的有效融合。计算机辅助翻译模式中,"人助机译"主要表现为语言学家及工程技术人员设计计算机辅助翻译软件或计算机辅助翻译工具,包括电子词典、翻译术语库、翻译语料库、翻译记忆软件、机器翻译软件等。译员输入翻译单元,计算机辅助翻译工具能够自动搜寻一些词、句的规范翻译或现有翻译以供参考,而不是提供整篇完整翻译。"人助机译"的结果并非产生最终译文,而是为人工翻译提供参考。译员还可以通过译前编辑对要翻译的原文进行加工,使之适应计算机辅助翻译系统的要求,或者通过译后编辑对翻译好的译文进行修改,使之满足用户的需要。

"机助人译",首先体现在各种翻译活动中计算机辅助翻译平台的利用。大型的专业翻译还需利用网络化协同计算机翻译平台,以利于翻译管理人员、不同译员以及校对与编辑人员协同工作。其次,翻译过程中要用到各种计算机辅助翻译技术或翻译工具。例如利用桌面词典或在线词典查阅单词;利用切分与对齐工具对齐译前文本;利用术语管理系统查询术语,并实现不同译员之间统一规范使用术语;利用翻译记忆系统,了解其他译员或者译员本人已经翻译的内容;利用机器翻译工具自动生成翻译再行修改;利用格式转换工具实现不同文件格式的转换,尤其是将图形文件转换成可供编辑的文件以便导入计算机辅助翻译系统。

计算机辅助翻译克服了机器翻译错误较多、文句不通的缺点,同时克服了人工翻译速度较慢、质量很难保证等不足,具有以下优点:同人工翻译相比,翻译速度快,甚至可以节省一半翻译时间;翻译质量高,术语统一、规范,语言更加专业、地道;降低了译员的劳动强度,免去了许多重复性的工作;有利于管理者、不同译员、编辑和校对人员的相互协作,完成大规模的翻译任务。因此,计算机辅助翻译越来越受到职业译者、翻译企业以及翻译研究者的欢迎,成为全球化、信息化时代的主要翻译模式。

二、翻译模式的变革与全球化、信息化时代的翻译特征

传统的翻译服务大多是基于译员的个人知识与需求,一般表现为个体的、偶然的、小范围的语言服务,也有二人或多人合作翻译行为。翻译媒介一般是一支笔、一张纸及一部词典,翻译内容主要为文学或宗教文本。译者大多是业余译员,不以翻译为职业,大多是从事外国语言文学教学、研究的人员兼职从事翻译,或者是传教士为传播宗教翻译宗教经典,也有一些科技、哲学材料的翻译,但不是主流。翻译工作费时费力,可能时断时续,从开始翻译到译文出版往往周期很长。传统的翻译标准与翻译原则,无论是西方的等效、等值等原则,还是我国的"案本—求信—神似—化境"的翻译传统,大多是指令性的或规定性的,重视原文与译文的对比,强调译文的权威,纠缠于一词一句翻译的得失,力求实现译文对原文在内容上的忠实与风格上的接近。

随着经济全球化的发展,传统的翻译模式显然不能适应全球化市场下的翻译要求。翻译的目的、要求、内容、标准及翻译形式正在不断地进行着嬗变。信息技术的发展为翻译模式革新提供了契机,而计算机辅助翻译正是适应全球化市场发展需要,有效利用信息技术进行翻译模式变革的最好体现。全球化、信息化时代的翻译主要有以下特征:

1. 翻译服务的商业化

传统的翻译实践体现个人喜好,或者表现为政府及社会机构行为。作家选择自己喜好的文学作品来翻译,带有个人欣赏的意味。政府翻译行为带有传播本国文化或引入异域文化之目的,政治家翻译外国文化具有开启民智的目的,宗教机构的经书翻译带有宗教传播性质。因为缺少商业目的,不讲求商业利益,故而翻译经常不求时效、不计报酬、不讲经济效益,只追求译文的忠实与流畅。全球化市场环境下的翻译服务具有明确的商业目的,翻译需求多来自商业机构,翻译具有明确的时效性,常常需要在很短时间内完成一定的翻译量,因此需要多人协同工作。企事业单位很少把翻译任务交给个体译者去独立完成,而是外包给专业化的翻译公司。翻译作为一种商业行为,翻译服务明码标价,译员通常受雇于一个或多个翻译公司,翻译项目有成熟的管理模式。

2. 翻译内容的技术化与翻译对象的无纸化

早期的翻译多以传播宗教为目的,如西方《圣经》翻译与中国的佛经翻译,近现代的翻译以文学翻译为主。虽然科技翻译在我国明末清初曾经一度兴盛,但在我国翻译史上总体上并非主流。随着经济全球化的发展,翻译领域不断扩张,从文学拓展到机械、建筑、制造、医药、航天、金融、旅游、传媒、外贸、外交等政治、经济、文化各个领域,而科技翻译、外贸翻译等应用型翻译则成为翻译内容的主体。翻译对象也从以往的纸质文本发展到电子文本。另外,软件、网站、多媒体等IT产品本身也成为翻译的对象,它们以电子形式被创建、修改、翻译、存储、传输和发布。随着数字化技术的发展,传统纸质和胶片材料的内容都可以进行数字化处理,成为可供翻译的对象。在计算机辅助翻译平台,原来纸质文本翻译前通过扫描输入或语音输入能够转换为可以编辑的电子文本,而翻译的直接对象就是电子文档。

3. 翻译类型与翻译质量标准的多元化

传统的翻译以文学翻译或者宗教翻译为主，辅以社科著作翻译与科技文献翻译，翻译类型较少，主要是全文翻译，翻译评价的标准主要归结为"忠实"与"通顺"。随着经济全球化以及科学技术的迅猛发展，数量庞大的信息要按需取舍，因而翻译过程要对原作信息有所选择、有所改造以适应市场需求与读者期待。因此，翻译类型呈现多元化趋势，除全文翻译外，还有节译、编译、摘译、改译、综译、译评、阐译、参译等。随着翻译类型的多元化，传统意义上的翻译质量标准也发生嬗变：以忠实于原文为核心的翻译标准不再是最重要的评价标准，而是要在质量、交付时间和预算之间取得相对平衡。例如，对于 IT 软件等快速消费品的产品说明书等信息指示型材料的翻译，准确、通顺、术语一致成为翻译服务购买方和服务提供方都可以接受的标准，而对于译文是否优雅，翻译文字是否具有艺术美感不作要求（崔启亮，2014）。

又如产品本地化过程中，需将产品的用户界面、帮助文档以及用户手册等载体上的文字从一种文字翻译为另一种文字。本地化翻译要求语言凝练平实、言简意赅、信息全面、含义准确、语言流畅、逻辑通顺。有时因为文化差异要对译文进行适当调整，有时因为市场不同要对原文信息有所取舍。

4. 翻译操作的信息技术化

毫无疑问，传统以纸笔为平台、个体作坊式的翻译操作形式远远不能满足瞬息万变的现代社会对翻译的要求。信息化时代的翻译操作主要利用计算机辅助翻译平台借助计算机辅助翻译软件或翻译工具进行。翻译信息化，就是利用计算机、辅助翻译软件、互联网、数字技术等信息时代的高科技手段实现翻译工作的现代化（石东、郭洁，2003）。通过互联网，翻译公司可以将翻译人才储备量扩充到数万人，翻译领域也可包罗万象。利用翻译流程管理平台，储存不同的翻译对象和人才资料。在计算机辅助翻译系统中，系统为翻译人员提供辅助译文和各种计算机翻译辅助工具，如术语库、记忆库、格式处理系统、电子词典等。译员利用这些辅助工具进行翻译，或者对系统提供的译文进行修改，再利用软件校对与编辑译文，直至得到最终的译文。翻译过程中，项目管理人员、众多译员以及编校人员共用一个协同翻译平台，进行人机互动及人人互动。通过建立翻译项目管理平台架构，对翻译项目的译前、译中、译后的流程进行全程管理，包括术语分析、术语统一、人机交互、语料库建设、资源共享，从而提高翻译效率，节省翻译费用，确保译文质量。

5. 翻译过程协同化

信息化时代，翻译工作通常需要一个团队协同完成。利用协同翻译平台，项目管理人员、众多译员和编校人员既各有分工、各司其职，又相互联系、相互支持，协同完成翻译任务。计算机辅助翻译系统对翻译数据与翻译过程进行全程协同管理。协同翻译平台允许多个译者在翻译过程中同时通过网络访问翻译记忆和术语管理系统，共享语言资源，统一翻译规范。在翻译过程中，技术编辑人员对断句规则、翻译记忆和术语库进行修改和添加，不断完善翻译数据系统。译者对某些尚未统一的术语自行尝试翻译，翻译结果将被协同翻译系统记录并汇报给技术编辑人员，提示他们统一术语，并将结果记录到术语库中，供其他译员参考。通过计算机辅助协同翻译平台，以项目管理方式执行翻译任务，译员可在翻译过程中随时向项目经理和技术编辑人员发出问题请求，这些问题及其解答都将在一个数据库中记录

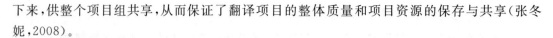

下来,供整个项目组共享,从而保证了翻译项目的整体质量和项目资源的保存与共享(张冬妮,2008)。

6.翻译服务产业化

在信息化时代,翻译不再是单打独斗的个人行为,单个译者无法在规定时间内完成非常专业化的翻译。一篇文本可能会翻译成英语、日语、法语、德语等多种语言,只有拥有众多专业译者的翻译公司才能完成。翻译服务是一种商业行为,翻译服务需在有资质的翻译企业内完成。有翻译需求的企业将翻译业务外包给具备专业资质的翻译企业管理和负责。翻译公司有健全的翻译项目管理制度,有翻译项目管理人、数量众多的自由译者及全职译者、专门的审校人员,还有计算机辅助翻译技术维护及管理人员。翻译项目管理人员、众多译者以及审校人员的交流与信息传递都是在统一的网络化工作平台上进行。根据中国翻译协会发布的《2019 中国语言服务行业发展报告》,全球语言服务产值持续保持良好的增长势头,2018 年总产值为 456.2 亿美元,预计 2019 年总产值将首次接近 500 亿美元。报告显示,截至 2019 年 6 月底,全国营业范围包括语言服务的企业数量达 369 935 家,以语言服务为主营业务的在营企业达 9 734 家,总产值为 372.2 亿元,年增长率为 3.6%。

综上所述,随着经济全球化的发展以及信息技术的不断进步,翻译服务的模式也在不断嬗变,翻译内容、翻译对象、翻译类型、翻译方式、翻译质量要求、翻译服务性质都发生了变化。翻译模式的变化要求采用新的翻译技术与操作方式。计算机辅助翻译正是满足翻译商业化、产业化,实现翻译协同工作,提高翻译效益的必然产物。

三、计算机辅助翻译技术的分类及功能

计算机辅助翻译技术有广义与狭义之分。广义的计算机辅助翻译技术包括辅助译员进行翻译时所利用的所有计算机工具与软件,包括文字处理软件、语法检查工具、电子词典、文件格式转换工具和互联网等。狭义的计算机辅助翻译专指"为提高翻译效率,优化翻译流程而设计的专门的计算机翻译辅助软件"(徐彬等,2007),包括翻译记忆系统、术语管理工具、对齐工具和项目管理工具等。以下对一些常用的计算机辅助翻译技术及其功能进行简单介绍。

1.综合性全能型翻译软件

综合性全能型翻译软件是指软件公司、本地化公司、翻译公司开发的翻译软件,它整合了计算机辅助翻译主要工具和重要功能,如翻译记忆、术语管理、切分与对齐、文本编辑、在线词典、文本校对、机器翻译等。

目前比较有名的综合性全能型翻译软件主要有总部在英国的 SDL 公司的 SDL Trados (Trados 翻译软件经过多次更新换代,目前已经升级到 SDL Trados Studio 2019),法国 Atril 公司开发的 Déjà Vu,匈牙利 Kilgray 公司开发的 memoQ。国内比较著名的翻译软件有北京东方雅信软件技术有限公司开发的雅信 CAT、成都优译信息技术有限公司开发的 Transmate 计算机辅助翻译软件、佛山雪人计算机有限公司开发的雪人 CAT 网络协同翻译平台、传神语联网打造的云译客在线翻译平台和上海一者信息科技有限公司开发的 YiCAT 在线智能翻译管理平台。这些翻译软件将大部分甚至几乎全部计算机辅助翻译工具整合到一个平台上，极大地提高了翻译操作与翻译项目管理的效率。

2. 翻译记忆工具

翻译记忆（Translation Memory，缩写为 TM），是计算机软件的数据库，用来辅助人工翻译。有些使用翻译记忆库的软件也常被称为 TM 软件。翻译记忆是计算机辅助翻译的核心技术之一，国内外各类综合性计算机辅助翻译软件都使用翻译记忆技术。

专业翻译领域所涉及的翻译资料数量巨大，而同一批文本所涉范围相对狭窄，集中于某一个或某几个专业领域，而且随着市场需求的变化，翻译资料的内容经常更新。这就意味着翻译过程中同一译者或不同译者所译内容有不同程度的重复，这种重复可能是同一批文本里面的内容重复，也可能是对以前所译内容的重复。对于一些大型专业化文件的翻译，尤其是已经有了译文的旧文本更新版的翻译，如果完全重新翻译，译者工作很大一部分是无谓的重复劳动，而且会与以前的译文不一致，出现译文质量问题。用户可以利用已有的原文和译文，建立起一个或多个翻译记忆库，在翻译过程中，系统也会将最新的译文添加到翻译记忆库，从而进一步充实记忆库。翻译过程中，系统将自动搜索翻译记忆库中相同或相似的翻译资源，给出参考译文，使用户避免无谓的重复劳动，只需专注于新内容的翻译。译者可以选择接受、拒绝或修改旧有的翻译。所有以前的译文均可存储，以备将来重新使用，使同一内容永远不会被翻译两次。根据需要，翻译记忆工具可以从翻译记忆库自动搜寻与当前句段100％相符（即完全匹配）的文字，也会使用模糊匹配原理来找寻相似的区段，并且会用特别的标记呈现给译者使其易于辨认和应用。

翻译记忆是计算机辅助翻译的基础与核心，计算机辅助翻译软件厂商均重视翻译记忆工具的开发，一些计算机辅助翻译软件的开发就是从开发翻译记忆做起。例如 Trados，Déjà Vu，雅信 CAT，Transmate 等都附带有强大的翻译记忆技术。此外，还有一些公司开发了以翻译记忆为主的计算机翻译工具，如 Star Transit、IBM Translation Manager、Alchemy Catalyst、WordFisher、Wordfast、OmegaT、Across、Memsource 等。

3. 翻译术语管理系统

在执行翻译任务过程中，译者往往要在短时间内完成大量的翻译任务，而且翻译任务大多集中在科技领域，如制造业、能源、化工、信息、机械、医药、航空、水利等，每个专业领域都有大量的专业术语，而且术语的翻译必须规范统一，无论译员多么专业，其掌握的术语毕竟有限，不断查阅词典将会费时费力。专业翻译的术语具有数量大、重复率高等特点，为此，软件公司及翻译企业纷纷开发术语管理系统，建立翻译术语库。翻译时，计算机辅助翻译软件系统会自动识别出哪些字词或结构是已定义的术语，并且给出相应的术语译文，保证术语的准确规范。大型翻译项目中的术语管理系统能够保证所有译员使用术语的一致性。

从翻译实践角度来看，术语管理系统具有以下作用：收集、保存、加工和维护翻译数据；提升协作翻译的质量，确保术语的规范与一致；配合计算机辅助翻译工具和质量检查工具等，提升翻译速度；促进项目利益各方之间术语信息和知识的共享；方便翻译各方高效地进行术语数据交换和管理，传承翻译项目资产，方便后续使用（王华树、张政，2014）。

中外比较著名的综合性全能型翻译软件均包含术语管理系统，还有一些专业的术语管理工具。如 SDL Trados 软件中所带的 MultiTerm、STAR Group 开发的 TermStar，还有 TerminologyExtractor、WebTerm、LogiTerm、AnyLexic 等术语管理工具。

4.质量监控工具

通常翻译工作最后一个步骤是检查、校对与提高,计算机辅助翻译也不例外。传统的一词一句翻译校对费时费力,而且不一定能检查出所有问题,需要人工寻找修改或纠正方案。利用计算机辅助翻译检查工具,能够很好地解决这一问题。计算机检查工具能够自动检查出一系列的问题,如术语翻译前后是否一致,原文与译文数字是否相符、是否有漏译现象,检查 HTML 或 XML 等文档中,标记符(TAG)是否做了修改、缺少或增加,检查是否多出空格。检查工具能够很快生成译文的质量报告,提供错误列表,提出修改建议。然后由译者对报告自行进行判断,逐项核对检查出的问题,进行相应修改与提高,最终导出译文。一些主要翻译软件如 SDL Trados、Déjà Vu X、Wordfast、memoQ 等附带有检查工具,还有一些著名的专门的检查工具,如 ErrorSpy、XBench、QA Distiller 等。

5.电子词典

电子词典是计算机翻译中不可或缺的工具,分为桌面电子词典和在线电子词典。一些桌面电子词典不仅有查词功能,还能屏幕取词、在线查词。某些计算机辅助翻译软件内置一些常用电子词典的超链接,翻译时可以随时查词。

常见的电子词典有金山词霸、网易有道、灵格斯、巴比伦、星际译王、StarDict 等。常用的在线汉外双语或多语词典主要有有道词典(dict. youdao. com)、爱词霸(www. iciba. com)、海词词典(dict. cn)、cnki 翻译助手(dict. cnki. net)、词都网(www. dictall. com)、百度词典(dict. baidu. com)和必应词典(cn. bing. com/dict)。

6.自动翻译技术

译者有时可以借助机器翻译软件将原文意思大致翻译出来,译员再进行修改、校正。在翻译量大、时间紧、质量要求不高的情况下,自动翻译或者机器翻译能为译员提供有效帮助。一些计算机综合计算机辅助翻译软件中也嵌入了机器翻译工具。大部分机器翻译提供在线翻译服务。

常用的自动翻译软件有 Systran、BeGlobal、Free Translation Online、WorldLingo、Promt Expert English Giant、谷歌翻译、百度翻译、阿里翻译、有道翻译、小牛翻译、彩云小译等。

7.图文字符识别与转换工具

计算机辅助翻译过程中,许多信息资料需要转化成电子文档以便各种应用及管理,尤其是一些纸质的材料要转换成电脑可以识别、编辑的文档,因此要对一些纸张文件扫描并转换成可以编辑的文字。另外,一些以 PDF、CAJ 图片呈现的文档需要转换成可编辑的文件。

对于纸质文件,用扫描仪扫描文字图像,再利用文字识别软件,对文字图像进行识别,将图像格式转化成可编辑的文本格式。常见的文字识别软件很多,主要功能基本相同,如 ABBYY FineReader、Capture Text、清华紫光 OCR、尚书七号、汉王 OCR、Office OCR、Readiris Pro、AntFileConverter 等。

还有一些专门的文件转换工具,能够将文档转换成不同格式文件,以便文件编辑或发布。例如在翻译过程中可能需要将 PDF 文件转化成 Word 文件(DOC,DOCX 等),翻译结束生成译文后需要将 Word 文件转换成 PDF 文件以便发布,此时则需要文件转换工具实现不同类型文件的相互转换。如 All Office Converter Platinum 可以对文件,网页和图像进行高质量的批量转换,并能创建 PDF 文档。ABBYY FineReader 不仅是一款识别效果超好的 OCR 识别软件,还可用于转换各类图片或图片型 PDF 为 Word 文件、纯文本文件(TXT)等。

四、计算机辅助翻译人才的素质要求与培养

翻译模式的嬗变对翻译人才的素质以及翻译人才培养模式提出了新的要求。要成为信息化时代中一名合格的翻译人才,除了要满足传统上对译者的双语知识与技能的掌握、翻译技巧与原则的把握、译者知识面以及职业道德等方面的要求外,还需通晓各种计算机辅助翻译工具与技术,了解翻译项目管理技术与过程。

1.计算机辅助翻译人才素质要求

随着经济全球化的发展,各国间的经济文化交流不断增加,其中企业间的经济与技术领域内的交流与合作是重要方式之一,因此,无论对翻译的质量、数量,还是对翻译时效、规范都提出了更高要求,从而对译者的能力也提出了更高要求。信息技术的发展极大改变了传统的翻译模式,为计算机辅助翻译发展提供了契机,对提高翻译速度与质量也提供了保证,同时也对翻译人员提出了更高要求。要成为一名合格的计算机辅助翻译人才,应具有以下素质:

(1)通晓两门或两门以上语言。译员不仅要掌握扎实的双语或多语语言知识,如语音语调、句法结构、词法语义等,还要具备熟练使用相关语言的能力,包括听、说、读、写、译等方面的能力。

(2)掌握一定的翻译技巧与翻译原则,从事过一定数量的翻译实践,能够灵活地将翻译技巧与原则应用于翻译实践之中。

(3)具备广博的知识,并且至少要熟悉一个或几个专业领域的知识。翻译可能涉及社会生活的各个方面,译者应对诸多领域知识有所了解。而译者的专职翻译只会涉及一个或几个领域,译者应精通专职翻译的专业领域知识。

(4)熟练掌握各类计算机辅助翻译技术或工具,包括翻译记忆工具、术语管理工具、质量管理工具、电子词典、检索工具、机器翻译工具等。

(5)具备常见的信息工具基础知识。能熟练利用多种网络检索技术以获取信息和知识,能熟练使用各种下载工具、文件转换工具以及绘图、音频、视频工具等。

(6)具有团队协作精神。翻译任务通常不是一两个译者可以胜任的,而是需要一个团队协同完成。翻译任务的承接,文字转换、文稿编辑、校对、排版、交付、费用支付需要整个团队的通力合作,因此合格的译者必须具有团队意识与合作精神。

(7)恪守翻译职业道德。译员应该热爱自己的工作,有敬业精神,责任心强,工作专心致志;还要保守商业保密,维护国家安全。

2.计算机辅助翻译人才培养

翻译作为一个产业在我国已经蓬勃发展,而翻译人才的培养,尤其是本科层次翻译人才的培养,在我国的发展却比较缓慢。2006 年,教育部批准在 3 所高等院校试办翻译本科专

业,培养翻译专业人才。此后,翻译作为教育部目录外本科专业,只允许很少办学条件优越的学校招生。2012 年教育部将翻译专业定为目录内本科专业,近两年才有大批院校获批本科翻译专业招生。截至 2019 年,全国共有 281 所高校获得教育部批准,开办翻译本科专业。因为翻译专业开办时间短,所以翻译人才培养存在诸多问题,翻译人才培养与社会需求脱节。为了适应我国经济与社会发展,高等院校的外语院系及翻译院系作为培养翻译人才的重要基地,应该努力做到以下几点:

(1)加强翻译教师的培养、培训。帮助教师转变教学理念,改进教学方法,不断更新自己的知识结构,提高教学能力。翻译教师要了解全球化、信息化时代翻译模式的变革,了解社会对翻译人才需求的转变,了解各种计算机辅助翻译技术与工具的应用,要投入一定时间掌握这些工具的操作,特别是在具体翻译项目中的灵活应用。

(2)更新翻译课程教学内容、改进教学模式。当前,相当一部分高校外语及翻译院系翻译课程教学材料的选择仍以文学翻译为主。现阶段,应该扩大翻译教学材料的选择范围,尤其要选择与经济、科技发展紧密相连的翻译文本。例如应该选择内容和格式都比较规范的定期更新的文本,比如政治文献、科技文献、财经报告等。这种文本的特点是词汇量有限,词汇使用重复率高,句式简单,表达准确,对讲授语料库、术语、对齐、翻译记忆等部分的内容非常具有说服力(钱多秀,2009)。教学过程中一方面要重视理论与技巧的讲解,另一方面要把更多的时间留给翻译实践,有条件的院系要借助计算机辅助翻译教学平台实施教学。

(3)加强计算机辅助翻译硬件、软件建设。努力建设网络化计算机辅助翻译教学平台,用于计算机辅助翻译教学以及学生翻译实践。即便不能一次性建成网络化计算机辅助翻译教学平台,也可以逐步改进多媒体辅助教学尤其是计算机辅助翻译教学条件。可以先行下载安装一些免费的计算机辅助翻译工具,或者购买一些成本较低的计算机辅助翻译工具,用于课堂教学或学生自主练习。

(4)有效利用免费网络资源。随着计算机及网络技术的快速发展,互联网已经成为一个海量知识库,也为计算机辅助翻译提供了大量的有益资源。各种综合性辅助翻译软件的功能及应用网上均有介绍,部分软件还提供免费版与试用版。其他一些计算机辅助翻译工具如翻译记忆工具、术语管理系统、电子词典、机器翻译等在互联网上都能找到相关信息以及免费资源。因此,高等院校的外语院系应配置网络化多媒体教室,充分利用网络检索工具及其他网络资源。

(5)加强与翻译行业或语言服务行业、计算机辅助翻译工具开发商、其他高校外语及翻译院系的联系。建立与翻译企业的联系,获得对计算机辅助翻译的感性认识,了解企业对从业人员技术水平的要求,定期派学生到翻译企业实习,提高他们的实际应用能力。与计算机翻译工具开发商联系,争取获得他们的支持与帮助,更加有效地使用相关电子工具。与其他高校或本校其他院系联系,交流翻译人才培养心得,共享师资、软件与硬件资源,相互促进,提高翻译人才培养水平。

总而言之,信息化时代对翻译提出了新的要求,也不断改变着翻译模式。因此,要充分利用信息技术,不断改进翻译人才培养模式,提高翻译人才的培养水平,从而更有效地服务社会经济发展,为中外经济文化交流做出更大贡献。

练习题

1. 什么是计算机辅助翻译?
2. 全球化和信息化时代的翻译服务具有哪些特征?
3. 计算机辅助翻译技术有哪些类型?分别有什么功能?
4. 计算机辅助翻译人才应具备哪些素质?

第二章　语料库与翻译记忆

人类使用了语言会留下痕迹,语料库应运而生。语料库(corpus,复数 corpora)是指按照一定的规则取样,收集有代表性的语言材料,并经过加工处理的大规模电子文本库。语料库产生的物质基础是电脑科技的发展,理论基础是经验主义。因为研究目的和分类标准不同,所以语料库主要有以下几类(见表 2.1):

表 2.1　语料库分类表

分类标准	分类名称	说　明
用途	通用语料库	广泛收集某语言的口语及书面语形式。主要的英语语料库有英语国家语料库(British National Corpus,BNC)、英语文库(Bank of English,BoE)、美国国家语料库(American National Corpus,ANC)等。
	专用(专题)语料库	出于某种特定的研究目的,只收集某种特殊领域(domain)语料样本,可用于研究专门领域内语言的特点,编制专门领域的工具书。
加工深度	生语料库(非标注)	生语料只经过去杂质处理,建库简单。
	熟语料库(标注)	通过对语料进行标注,提供更加丰富的语言学信息。
语言种类	单语语料库	英语语料库、汉语语料库。 单母语的译者不擅长外语,外语单语语料库对译文语言的精准性至关重要。外语单语语料库提供了分析观察该语言使用规则的最佳窗口,借助于语料检索与统计分析工具,可以得到远超辞典和语法书的语用知识。
	双语语料库	语料来自两种语言,而且相互对应,即两者具有翻译关系。双语语料库建设中的一个重要环节是两种语言间的对齐(alignment)问题。当前大多是句子间的对齐,也有人尝试词语间对齐和意义单位之间的对齐。如王克非先生主持建立的英汉双语平行语料库。
	多语语料库	如 Europarl Parallel Corpus(European Parliament Proceedings Parallel Corpus)收集了欧洲议会的多语言文集,进行了对齐处理。
	可比语料库	收集 A 语言的源语言文本,同时也收集 B 语言的相关文本。这些语料具有某些共同的特点:都在讨论同一个问题、同一个主题或同一个领域;具有相同的功能;属于同一文本类型;出版时期相同。可比语料库为寻找原文中术语的对应语提供了有利的工具。
规模	小型语料库	一般是个人建立的小型、专门和临时的语料库。
	大型语料库	
选取时间	共时语料库	语料出自同一个时代(主要是当代)。
	历时语料库	收集不同时代的语言使用样本构建而成的语料库。
表达形式/文体	口语语料库	语料包括由口语转写而来的文本,有时也包括语音文件。
	书面语语料库	语料取材于书面语,包括书籍、报刊、书信、学术论文等形式。
语言使用者	本族语者语料库	收集的语言使用样本全部来自本族语者。
	非本族语者语料库	
	学习者语料库	学习者产出文本组成的语料库,而不是 native speaker 产出的作品。比如把学生的翻译作业搜集起来,构建语料库,可用来分析中介语、纠正错误和研究翻译学习过程。

一、国内外主要语料库

1. BYU 语料库（网址：www. english-corpora. org）

BYU 语料库由美国杨百翰大学语言学教授 Mark Davies 主持创立，语料以各种英语变体为主，包括美国英语、英国英语、加拿大英语、《时代》杂志中的书面英语和美国肥皂剧中的英语口语。只有语料库，没有检索软件，用户能做的事情也寥寥无几。在此基础上，Mark Davies 教授开发了语料库统一检索平台，整合了美国当代英语语料库、美国历史英语语料库、美国《时代》杂志语料库、BNC、西班牙语料库和葡萄牙语料库等资源。该网站每月有数万人的使用量，是目前使用最广泛的网络语料库之一。其中英语语料库主要有：

Global Web-Based English(GloWbE)基于全球 Web 的英语语料库

Corpus of Contemporary American English(COCA)美国当代英语语料库

Corpus of Historical American English(COHA)美国历史英语语料库

TIME Magazine Corpus 美国《时代》杂志语料库

Corpus of American Soap Operas 美国电视剧语料库

British National Corpus(BNC)英语国家语料库

Strathy Corpus(Canada)斯特拉西语料库（加拿大）

在这些语料库中，译者常用的有：

（1）英语国家语料库（网址：www. english-corpus. org/bnc/；www. natcorp. ox. ac. uk)

英国国家语料库(British National Corpus,BNC)是目前世界上最具代表性的当代英语语料库之一。该语料库书面语与口语并重，词次超过一亿，其中书面语语料库 9 千余万词，口语语料库 1 千余万词。所选的语料主要来自 20 世纪后半叶的报纸、专业期刊、学术著作、通俗小说、信件、备忘录、中学和大学的论文等。

（2）美国当代英语语料库（网址：www. english-corpus. org/coca)

美国当代英语语料库(Corpus of Contemporary American English,COCA)容量大约 4 亿，是一个大型在线免费语料库，为英语研究者和英语学习者共享美国英语资源提供了一个良好平台。COCA 是第一个大型的语料平衡的美国英语语料库，语料来自口语、小说、流行杂志、报纸和学术性文章等。

2. 联合国文件数据库（译者可找到多语种的对应文本）

联合国正式文件系统（网址：documents. un. org)是一个储存和检索联合国文件的系统，它使用户能够通过高速网络和因特网搜索的方式来检索相应的文件，并能容许通过远程通信的方式来高速传送文件。这些文件和正式记录均以联合国的正式语言保存，包括阿拉伯文、中文、英文、法文、俄文和西班牙文。有些文件也有德文文本。文件均以文本格式和（或）可移植文件格式(PDF)保存。

3. 国内语料库

• 北外 CQPweb 语料库（网址：http://114. 251. 154. 212/cqp)

• 国家语委现代汉语语料库（网址：www. cncorpus. org)

• 中国汉英平行语料大世界（网址：corpus. usx. edu. cn)

该语料库是由绍兴文理学院建立的平行语料库，其内容主要包括鲁迅小说、伟人作品、传统典籍、四大名著和其他名篇等。

语料库在翻译实践中的用途非常广泛。翻译过程中的理解和表达阶段都会遇到一些困难，与一般的词典相比，语料库提供的资源更为丰富，更能提供建设性的意见。因此有许多词典也都是在语料库的基础上编纂而成。语料库的作用主要表现在帮助译者了解专业知识、熟悉专业术语及其对应语、借鉴地道的外语表达方法、模仿特定文体的写作风格，提供切实有效的翻译策略。简而言之，语料就是帮助译者快速理解原文，寻找更加合适与地道的表达方法。

二、单语语料库的检索

翻译是一个解决问题的过程。从译者角度来讲，翻译过程是由原文创设的一定情景引起，其初始状态是源语文本，目标状态是目的语文本，而使该问题得以解决则需要经过一系列的思维操作。林克难先生曾提出"看易写"，"看"主要是看目的语中与该主题相关的材料表达，对于中国人汉译英来说，主要是看英语的材料。这个看的过程其实就是给译者在目标状态上提供了铺垫，有利于寻找一些符合目的语的表达式，进而从目标语的表达式中找到其在原文中的一些对应语，以降低原文理解和目的语表达的难度。篇幅较短的英语材料主要为一些文章，大量的文章汇集起来就构成了语料库。对于一个语料库，译者又不可能面面俱到、一字不落地去逐字阅读。通过检索软件才能使语料库的功能与便捷性充分展现。英语单语语料库量大、质高、成本低、检索方便，对翻译实务的可用性较强。译者所要做的就是把翻译的困难转变成检索的需求，再进一步形式化，转化成为检索软件能够识别的检索表达式，利用检索结果来帮助寻找解决翻译和表达问题的途径。

对于自建单语语料库，可用语料库检索工具 AntConc 的 KWIC 功能进行检索（下载地址：www. laurenceanthony. net/software/antconc）。基于 web 的常用语料库检索系统有 SKELL（skell. sketchengine. co. uk/run. cgi/skell）、BYU （corpus. byu. edu）和北京大学中国语言学研究中心（ccl. pku. edu. cn）等。下面主要介绍 BYU 检索系统内 COCA 在线语料库的部分应用。

BYU 是 Brigham Young University（杨百翰大学）的缩写。该检索系统对于其包含的几个语料库（见上文）都适用。建议译员用电子邮箱注册后使用，以便获得更好的检索结果。

COCA（corpus. byu. edu/coca）是 BYU 检索系统中的一个在线语料库。进入该库时的首页界面如下：

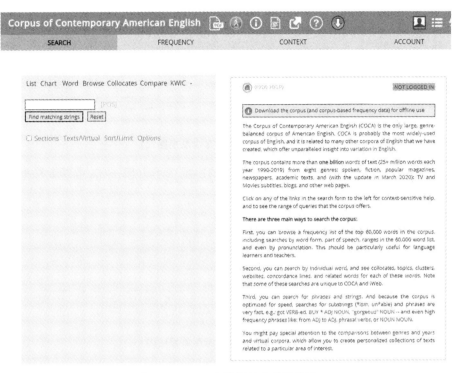

图 2.1 COCA 在线语料库首页界面

List Chart Word Browse Collocates Compare KWIC -

图 2.2 COCA 语料库显示模式

图 2.2 所示为 COCA 语料库的主要视图。

- List：清单视图
- Chart：条形统计视图
- Word：单词视图
- Browse：浏览视图
- Collocates：搭配视图
- Compare：对比视图
- KWIC：上下文关键词视图

以下以 curious 为检索词，介绍不同视图下的检索结果及其作用。

1. List 清单视图

在 List 清单视图方框中输入"curious"，点击［Find matching strings］，可见清单视图，如图 2.3 所示。

图 2.3 COCA 语料库清单视图(1)

单击检索词 CURIOUS 可查看关键词所在的上下文,如图 2.4 所示。

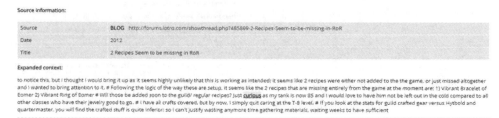

图 2.4　COCA 语料库清单视图(2)

在"CLICK FOR MORE CONTEXT"下面的字段中单击任一项,可以查看更多的上下文(Expanded context)信息,如图 2.5 所示。

Source information:

Source	BLOG http://forums.lotro.com/showthread.php?485899-2-Recipes-Seem-to-be-missing-in-RoR
Date	2012
Title	2 Recipes Seem to be missing in RoR

Expanded context:

to notice this, but I thought I would bring it up as it seems highly unlikely that this is working as intended; it seems like 2 recipes were either not added to the the game, or just missed altogether and I wanted to bring attention to it. # Following the logic of the way these are setup, it seems like the 2 recipes that are missing entirely from the game at the moment are: 1) Vibrant Bracelet of Eomer 2) Vibrant Ring of Eomer # Will those be added soon to the guild/ regular recipes? Just curious as my tank is now 85 and I would love to have him not be left out in the cold compared to all other classes who have their jewelry good to go. # I have all crafts covered, but by now, I simply quit caring at the T-8 level. # If you look at the stats for guild crafted gear versus Hytbold and quartermaster, you will find the crafted stuff quite inferior; so I can't justify wasting anymore time gathering materials, waiting weeks to have sufficient

图 2.5　COCA 语料库清单视图(3)

一般译者会先查看与自己译文语境相关、相似的检索结果,从而帮助自己准确理解原文,或者找到适合的表达方式。语料库检索还能有效地帮助译者通过上下文语境理解一些词汇的表达方式和基本含义,掌握词语的搭配规律,区分近义词的细微差别。

在 List 视图下检索近义词。

选择[List],在方格里输入"[=curious]",检索与 curious 语义相近的所有形容词。点击[Find matching strings],结果如图 2.7 所示。

图 2.6　近义词检索(1)

HELP		CONTEXT	ALL FORMS (SAMPLE): 100 200 500	FREQ	TOTAL 341,645	UNIQUE 17 +		
1		INTERESTED [S]		79570				
2		STRANGE [S]		55554				
3		WEIRD [S]		41541				
4		UNUSUAL [S]		33738				
5		ODD [S]		29442				
6		CURIOUS [S]		26493				
7		REMARKABLE [S]		23960				
8		QUESTIONING [S]		15097				

图 2.7　近义词检索(2)

2. Chart 条形统计视图

在 Chart 条形统计视图方框中输入"curious",点击[See frequency by section],可见条形统计视图(如图 2.8 所示)。

图 2.8　COCA 语料库条形视图(1)

该条形视图显示了 curious 在不同体裁、不同时间段内出现的频率。译员可根据自己译文的所属体裁单击对应的条形图来查看相应的语料。如单击"ACAD"项下的条形图,则显示在学术语篇中 curious 的使用例句(如图 2.9 所示)。

图 2.9　COCA 语料库条形视图(2)

3. KWIC 上下文关键词视图

KWIC,即 Key Word in Context,将关键词以高亮的形式显示在中央,左右两侧是其上下文的内容,这样便于比较关键词使用的语境,了解单词的前后搭配规律。

图 2.10　COCA 语料库上下文关键词视图

如图 2.10 所示,curious 左右两侧单词都进行了标注,不同的颜色代表不同的词性。

4. Collocates 搭配视图

两个单词以高于偶然的频率出现,则可以理解为搭配。

如检索 curious 后面的名词搭配规律,在 Word/phrase 前侧框中输入"curious",在 collocates 前侧框里输入"_nn*",表示任何一个名词(如图 2.11 所示)。其下方的数字框表示距离关键词左侧或右侧各有多少个单词(或称跨距范围),数字 0 表示不检索关键词左侧或右侧的单词,右侧数字 3 表示检索关键词右侧 3 个单词或跨距范围内出现的任何名词。点击[Find collocates],检索结果如图 2.12 所示。

图 2.11　搭配词检索(1)

HELP		CONTEXT		HFEQ	ALL	W	MI	
1		INCIDENT		70	32720	0.21	4.74	
2		ONLOOKERS		68	1479	4.60	9.17	
3		PHENOMENON		46	20039	0.23	4.84	
4		MIX		46	40396	0.11	3.83	
5		THEATRE		44	17372	0.25	4.98	
6		MIXTURE		39	24325	0.16	4.33	
7		STARES		35	8919	0.39	5.62	
8		TOURISTS		33	14047	0.23	4.88	

图 2.12　搭配词检索(2)

如图 2.12 所示,与 curious 搭配频率最高的名词是 INCIDENT,点击[INCIDENT]可以看到具体的例句。

1	2019	MAG	Hollywood Reporter	A B C	Phoebe Waller-Bridge. They join four shows currently in production: Nine Night, The **Curious Incident** of the Dog in the Night-Time, The Lehman Tri
2	2019	ACAD	Studies in the Novel	A B C	stigmas about such difference. Using the British author Mark Haddon's novel The **Curious Incident** of the Dog in the Night-Time (2003) as a case st
3	2019	ACAD	Studies in the Novel	A B C	disembodied and nonphysical. Thus, my analysis of Haddon's typographical fiction, **Curious Incident**, will delineate both the aesthetic possibilities
4	2019	ACAD	Studies in the Novel	A B C	theory of mind and computer metaphor-on the literary conventions shaping fictional minds. # In **Curious Incident**, Mark Haddon uses experimen
5	2019	ACAD	Studies in the Novel	A B C	who sees alphabets "wiggle" and is epileptic, while Haddon's **Curious Incident** and Jonathan Safran Foer's Extremely Loud and Incredibly Close

图 2.13　搭配词检索(3)

又如检索 world 前面的形容词修饰语,在 Word/phrase 前侧框中输入"world",在 collocates 框里输入"_j＊",表示形容词(如图 2.14 所示)。数字框中点击左侧 3,表示检索 world 左侧 3 个单词或跨距范围内出现的任何形容词。点击[Find collocates],检索结果如图 2.15 所示。

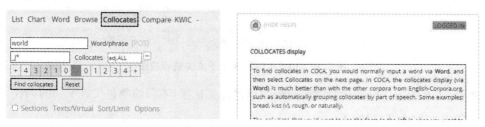

图 2.14　搭配词检索(4)

图 2.15　搭配词检索（5）

如图 2.15 所示，COCA 语料库中与 world 搭配频率最高的形容词修饰语为 NEW，其次为 REAL、WHOLE、ARAB 等。点击有关形容词可以看到具体语料。

5. Compare 对比视图

Compare 对比视图可用来对比不同词的语意倾向，比较两个词的搭配，辨别两个词在意义和用法上有什么不同。

如比较 curious 和 strange 后接名词的区别。选择［Compare］，在 word 1、word 2 左侧的方框里分别输入"curious"和"strange"；在 Collocates 前面方框里输入"_nn *"，表示任何名词。右搭配跨距范围选择 3，表示两个词右侧搭配 3 个跨距范围的所有名词（如图 2.16 所示）。点击［Compare words］，结果如图 2.17 所示。

图 2.16　词汇对比（1）

SEE CONTEXT: CLICK ON NUMBERS (WORD 1 OR 2)　　　　　　　　　　　　　　　　　　　　　　　　[HELP...]
SORTED BY RATIO: CHANGE TO FREQUENCY
WORD 1 (W1): CURIOUS (0.48)　　　　　　　　　　　　　　　　WORD 2 (W2): STRANGE (2.10)

	WORD	W1	W2	W1/W2	SCORE		WORD	W2	W1	W2/W1	SCORE
1	ONLOOKERS	68	0	136.0	285.3	1	BREW	191	0	382.0	182.1
2	TOURISTS	33	0	66.0	138.5	2	BEDFELLOWS	228	1	228.0	108.7
3	THEATRE	44	1	44.0	92.3	3	LAND	456	3	152.0	72.5
4	READER	28	1	28.0	58.7	4	LIGHTS	68	0	136.0	64.8
5	STARES	35	3	11.7	24.5	5	WORLDS	134	1	134.0	63.9
6	GLANCES	23	2	11.5	24.1	6	FRUIT	129	1	129.0	61.5
7	MINDS	33	3	11.0	23.1	7	TRIP	100	1	100.0	47.7
8	GLANCE	29	3	9.7	20.3	8	HOURS	43	0	86.0	41.0
9	STUDENTS	31	4	7.8	16.3	9	GODS	80	1	80.0	38.1
10	READERS	22	3	7.3	15.4	10	NOISES	159	2	79.5	37.9

图 2.17　词汇对比（2）

又如比较 faithful 和 loyal 作修饰名词时的用法区别。

选择［Compare］，在 word 1、word 2 左侧的方格里分别输入"loyal"和"faithful"，再在 Collocates 前面的方框里输入"_nn *"。右搭配跨距范围选择 1，表示两个词右侧搭配 1 个跨距范围的所有名词，Texts/Virtual 文本类型选择［NEWSPAPER］，检索报纸上出现这两个词后面的名词搭配特征（如图 2.18 所示）。点击［Compare words］，检索结果如图 2.19 所示。

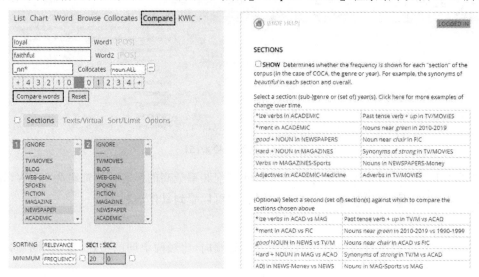

图 2.18　词汇对比（3）

图 2.19　词汇对比（4）

Loyal 与 faithful 都表示"忠诚的""忠实的"的意思。检索结果如图 2.19 所示，后接表示人的名词时，loyal 后面常见的搭配是 CUSTOMERS/OPPOSITION/SUPPORTERS/VIEWERS，表示商业、政治有关的"忠诚者"或"支持者"；faithful 后面常接 MAN/HUSBAND/COMPANION/INVESTORS 等词，表示夫妻或男女之间的忠诚，而且报纸上 faithful 比 loyal 出现频率要小得多。

三、平行语料库的建立

语料库建立的基本流程是：建库论证→采样标准→文本采集（转写、下载、软件识别）→文本清洁→分词→确定标注集→标注→对齐（双语语料库）→入库→语料库。中间的各个步骤可以依据实际用途而有所增减。

　　语料库应用的基本流程是：建库论证→设计软件→开发软件→检索分析→实际应用（翻译、教学、研究等）。平行语料库作为计算机辅助翻译技术的基础，为机助翻译软件提供资源，是翻译记忆库与术语库的主要形式和载体。下面讲述平行语料库的制作步骤。

（一）语料采集

　　语料采集常见方式主要有 3 种，一是人工输入；二是扫描输入（OCR 软件将扫描图片、PDF 转换成 Word 或文本文档）；三是利用现有的电子文本（TXT、PDF、DOC），大多是从网上下载的文本。

　　常见的文本格式问题主要有：①文字符号类，如全角的英文字母和数字；②空格段落类，如行首/尾、段首/尾、文中多余的半/全角空格、跳格（Tab 等）、软回车、硬回车；③（英文中的）全角标点符号；④错别字、乱码、杂质等。文本清洁和校对这一环节至关重要，需要逐行逐字检查，保证语料库材料的准确性。例如，将一本纸质书通过扫描、识别、再转化成 Word 文件后，需要删除冗余信息（前言、后记、注释、版权页等）。下面介绍如何用 ParaConc 制作平行语料库。语料的预处理使用 Word、EmEditor 等软件，在 Word 下可以去除空格、乱码和多余空行。为了让 ParaConc 更好地识别，其他的文本清洁操作需要在 EmEditor 中操作。

　　Word 中预处理中清洁文本主要用替换的方法，功能键是"Ctrl＋H"。替换的界面如图 2.20 所示。

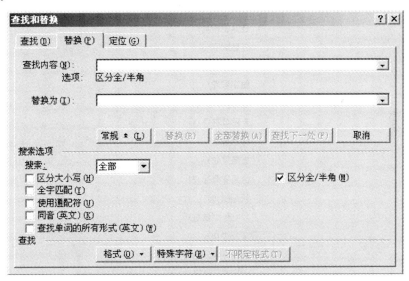

图 2.20　Word 的"查找和替换"对话框

1.删除空格

　　文本先复制到文本编辑软件（如 Windows 的"记事本"程序），再拷贝到 Word 文件中，可去除一些格式标志符。其他的空格删除可用替换功能，在"查找内容"中输入空格键（注意英文语料输入两个空格键，否则英文单词间的空格也会被替换。中文语料输入一个空格键）。"替换为"文本框中不输入内容。为安全起见，可先单击[查找]，观察找到的是什么，如果找到的是要被替换的内容,再单击[替换]。核验无误后,可单击[全部替换]。

2.消除多余空行

空行是由按 Enter 键造成的,在 Word 文档中,分为软回车和硬回车。单独按[Enter]生成了硬回车(段落标记),独立成段;按[Shift＋Enter]是软回车(手动换行符),只作分行处理,不独立成段,它们作段落设置标记时是有区别的。在 Word 屏幕上软回车符是一种向下的箭头,硬回车符是向左转弯的箭头。如图 2.21 所示:

↓→软回车符　　↵→硬回车符

图 2.21　Word 中的回车符

另外从网页中复制文章粘贴到 Word 文档中,就可以看到一种箭头向下的软回车符。软回车是 Word 为适应网页的格式而自动对文字采取的处理。

3.删除软回车

在查找内容中输入"^l"(必须是英文输入状态下,l 是英文字母,不是数字 1,^的输入方式是"Shift＋6"),也可以单击[高级]→[特殊字符],选择"手动换行符(L)",在替换框中不输入任何内容,选择[全部替换]即可全部删除软回车。图 2.22 是单击[特殊字符]后出现的提示图片。

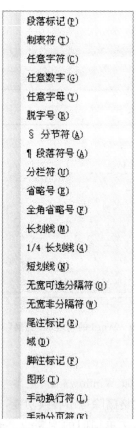

段落标记(P)
制表符(T)
任意字符(C)
任意数字(G)
任意字母(Y)
脱字号(R)
§ 分节符(A)
¶ 段落符号(A)
分栏符(U)
省略号(E)
全角省略号(F)
长划线(M)
1/4 长划线(4)
短划线(N)
无宽可选分隔符(O)
无宽非分隔符(W)
尾注标记(E)
域(D)
脚注标记(F)
图形(I)
手动换行符(L)
手动分页符(K)

图 2.22　Word 中查找特殊字符

硬回车的代码是^p。要去除多余空行,可在"编辑"菜单中选择[替换],在弹出对话框

"查找内容"中输入"^p^p",在"替换为"中输入"^p"（这里^和p都必须在英文状态下输入），然后单击[全部替换]即可（可以多次单击[全部替换]，以防漏替）。

4.去除乱码

乱码虽然千奇百怪，但是组成乱码的字母大致相同。先查找这些字母，找到乱码位置，再手动删除。

注意：文本保存为 ASNI 纯文本文件，GB 编码。

EmEditor 是专门处理纯文本的软件，可以同时打开多个文本文件，具有强大的功能。EmEditor 打开需要处理的文件，在 EmEditor 中完成添加标记和全半角的转换。EmEdior 具有强大的查找替换功能，Windows 系统自带的"记事本"的查找替换功能很弱，但 EmEditor 弥补了这一点，它支持的查找替换规则更加详细实用，对查找的结果可以突出显示。EmEditor 可以快速处理数据量非常大的文本文件，看其中是否有一些其他的杂质因素，如果有，可以在该软件中将其作适当调整，以保证语料的格式完全符合 ParaConc 的需要。

图 2.23　EmEditor 软件的查找和替换对话框

5.中文语料的全角标点符号替换为半角

为了不让中文语料在 ParaConc 软件中出现乱码，用替换命令完成该操作。依次单击[Search]→[Replace]，弹出替换框。单击[Use Regular Expressions]左侧的方框，表示使用正则表达式进行检索。在"Find"框中输入"\."，在"Replace with"框中输入半角的句点。单击[Replace All]，句号就由全角换成半角。其他的标点符号替换也与此类似，由全角变成半角。

6.添加段落标记

在"Find"框中输入"\r\n"，\r\n 代表回车换行。在"Replace with"框中输入"</p>\n<p>"。</p>为段尾标志，<p>为段首标志。\n 表示换行。第二步是查找<p></p>，替换为空。最后检查，手动添加文本开始和结束处的段落标记。是否添加段落标志，依据研究目标而定，不是必需的步骤。

7.添加对齐界定标志

对齐界定标志，是 ParaConc 在自动对齐双语句子时能够识别的标志符，句末标志是</seg>，句首标志是<seg>。这一步至关重要，添加得正确，ParaConc 会自动以此为标志来对齐双语，从而减少了人工调整的工作量。句子一般以句号、逗号、感叹号、冒号、问号和分号为结束标志。

在"Find"框中输入"\."，在"Replace with"框中输入".</seg>\n<seg>"。单击[Replace All]，对其他标志一句话的标点符号的添加也像句号一样来实施操作。

注意：全文起始处的标志<seg>需手动添加，全文结尾处的标志<seg>要删除。

在既是句尾，又是段尾的位置上，会出现<seg> </p>的情况，</p>是段落结束的标志，<seg>是下段首句开始的标志。所以需要把<seg>和</p>的位置换一下。用替换命令，"查找内容"框中输入"<seg> </p>"，"替换为"框中输入"</p><seg>"。处理后的形式是：

<seg>句子</seg>或者<seg>"句子"</seg>。

<seg>、句子和</seg>可以不在一行上。

如果不符合，需手动调整成这个模式。<seg>和</seg>是 ParaConc 自动对齐时的识别标记，如果这一步设置准确了，将大幅度提高对齐的准确率。

8.保存为文本文件

文本保存为 ASNI 纯文本文件，在 EmEditor 软件里保存时选择 Encoding 的格式为 System Default。如图 2.24 所示。

图 2.24　EmEditor 中保存文件的选项

（二）对中文语料进行分词

英语的单词之间是有空格的，但是汉语则不同。汉语如果没有分词，ParaConc 的识别效果就不好。因此需要分词，即把中文的字和词分开，加一个空格。中文词法分析是中文信息处理的基础与关键。中国科学院计算技术研究所的汉语词法分析系统 ICTCLAS（Institute of Computing Technology,Chinese Lexical Analysis System）的功能有：中文分词、词性标注和未登录词识别。分词正确率高达 97.58%，基于角色标注的未登录词识别能取得高于 90％的召回率,其中中国人名的识别召回率接近 98％,分词和词性标注处理速度为 543.5KB/s。在 ICTCLAS 软件上,先单击[词语切分],再单击[处理文件],选择文件名称进行导入,点击[运行]即可。这种切分的主要依据是先有一个中文词库,把文件与词库进行匹配,再按照词库来进行分词。处理后的文件中,字词之间加了空格。

该软件还可对中文进行词性标注,有一级标注和二级标注选项。但对于翻译过程来说,无须进行词性标注,除非是用于某种翻译研究。译者一般只用其词语切分功能就可以了。

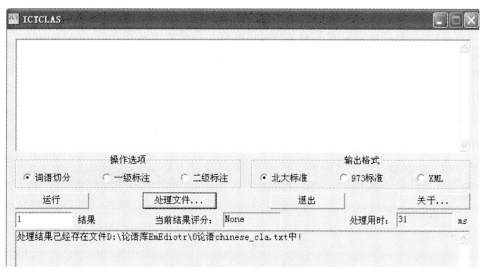

图 2.25　ICTCLAS 软件的操作界面

在分词后的文本中,字和词之间加了空格。这些空格会被 ParaConc 软件识别,用以统计汉语语料的字词数。这里有一点需要注意,如果分词了,以后检索时也要注意在必要的时候添加空格,否则就会检索不到相应的字词。分词后的语料如图 2.26 所示:

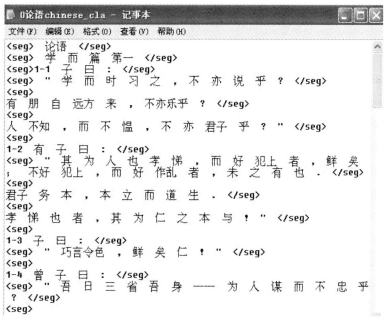

图 2.26　用分词软件处理后的文本

(三)句级平行对齐

ParaConc 是由新西兰奥克兰大学应用语言学系教授 Michael Barlow 开发的。借助 ParaConc,更易于发现潜藏于翻译文本深处的带有某些规律性的特征、用法和结构。除了用于检索双语平行语料之外,ParaConc 最多可检索 4 种不同语言的平行语料。该特征使其可用于同一源语文本和多译本之间的比较研究。ParaConc 可以实现双语或多语检索,主要应用于对比分析、语言学习和翻译研究。主要的功能有对齐、检索、助译。

对齐:对于具有翻译对应关系的文章可以实现半自动化的对齐。

检索:简单的文本检索,正则表达式检索,标注检索,平行检索。

助译:检索潜在的翻译对应词,为关键词提供可能的译文对应语和搭配。

下面简要介绍 ParaConc 的使用方法。

1.启动

ParaConc 启动后的界面如下所示:

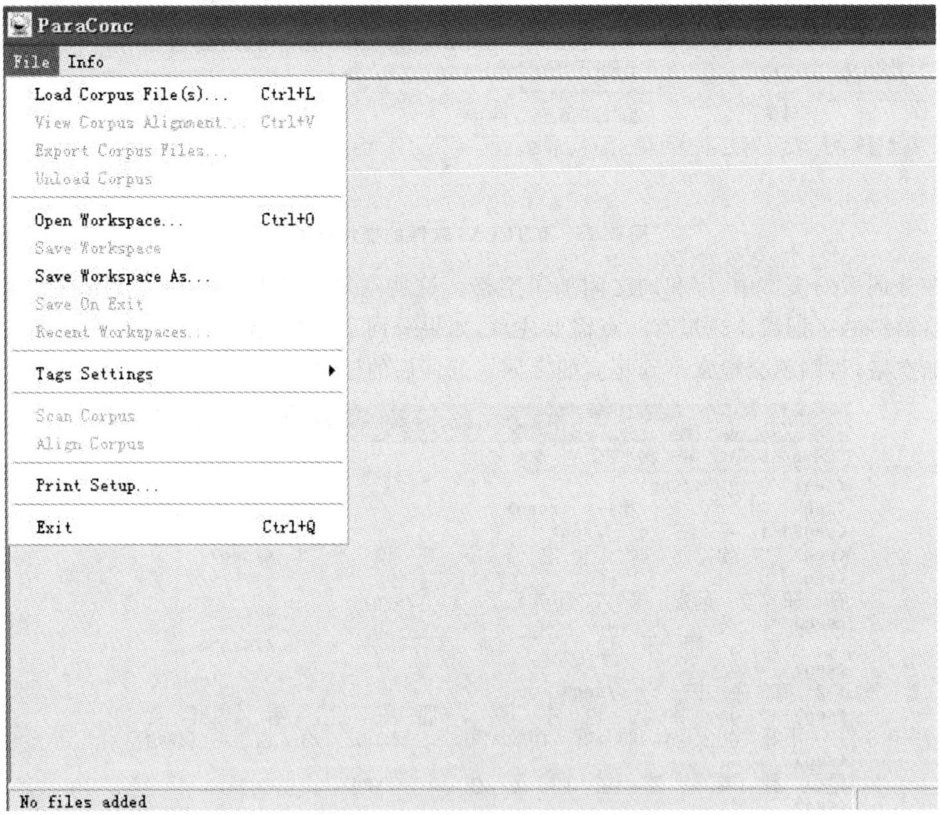

图 2.27　ParaConc 的操作界面

顶部菜单项只有两个——File(文件)和 Info(信息)。页面左下方有"No files added"提示。

2.加载语料

点击[File]下拉菜单,选择[Load Corpus File(s)](加载语料文件),会出现如下的选项窗口。

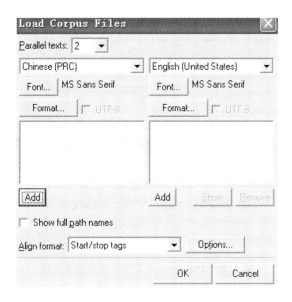

图 2.28　ParaConc 加载语料文件的界面

第一行：Parallel texts（平行语料文本），选择打开文本的数量，选择从 2 到 4。

第二行：选择打开文本的语言，其中汉语有 4 个选项：简体中文、中国台湾和中国香港使用的繁体中文和新加坡使用的中文。大陆译者一般选简体中文 Chinese(PRC)。

第三行：Font（字体）选项，对于汉语语料一般选宋体，字符集（R）项的框中选 CHINESE_GB2312，即简体中文。

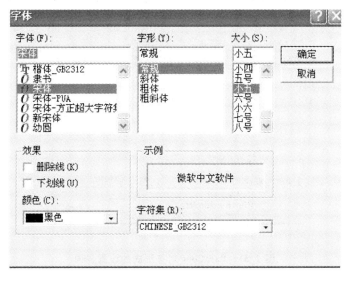

图 2.29　ParaConc 中字体设置的界面

第四行：Format（格式）项。该项的功能之一是可以设置句子的分界符（Sentence Delimiters）。先后单击［Format］→［Options］，弹出"Sentence Options"界面，缺省的句子分界符为英文符号". ! ?"。对于中文语料，可以将其转为全角状态下的符号。最好提前将中文语料的全角符号转换成半角符号，以免 ParaConc 识别时出错。这一操作对于处理一些尚未执行"Alignment(对齐)"操作的中文文件有一些帮助作用。

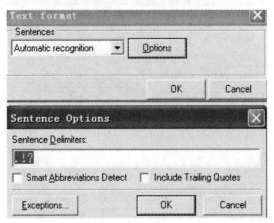

图 2.30 ParaConc 句子分界符的设置界面

第五行：Add(添加)项，在上面的参数设置完成后，单击[Add]，选择加载语料文件。

注意：可以同时添加多个语料库文件。

第六行：Show full path names(显示语料文件所在路径名称)。

第七行：Align format(对齐形式)，如图 2.31 所示。

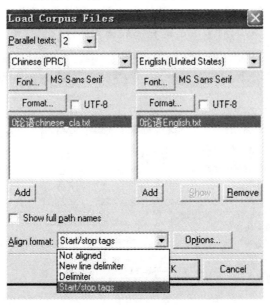

图 2.31 ParaConc 对齐形式的设置界面

对齐形式共有 Not aligned、New line delimiter、Delimiter、Start/stop tags 4 种，即"未对齐""新行分隔符""其他分隔符"以及"始末标记"。软件默认的是 New line delimiter，但是为了提高对齐的准确率，最好在预处理阶段添加分隔符＜seg＞和＜/seg＞。在选择[Start/stop tags]后，软件默认的分隔符是＜seg＞和＜/seg＞。

3.对齐

在顶部菜单栏上，单击[File]→[View Corpus Alignment]（查看语料对齐）→选中两个文件→单击[Alignment]，ParaConc 软件会按原先设定的＜seg＞和＜/seg＞标志来对齐语料。有时出现对齐不准的情况，需要对语料进行手动调整。

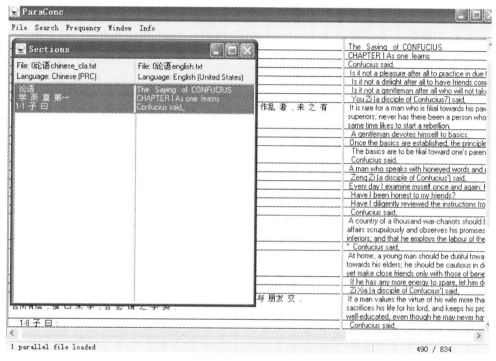

图 2.32 ParaConc 句子自动对齐的界面

在语句行上，单击右键会出现下面的选项。各个选项是 Split Sentence（切分句子）、Merge with Next Sentence（与下一句合并）、Merge with Previous Sentence（与上一句合并）、Split Segment（切分语料块）、Merge with Next Segment（与下一块合并）、Merge with Previous Segment（与上一块合并），灵活运用这些选项，可以调整原文和译文对应行的内容，力求达到最佳对应。

图 2.33 ParaConc 对齐形式的手动调整界面

4.保存

对齐调整好后，可以保存文件。有两种方式：一是单击[File]→[Save Workspace As]→输入文件名。

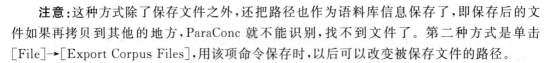

注意：这种方式除了保存文件之外，还把路径也作为语料库信息保存了，即保存后的文件如果再拷贝到其他的地方，ParaConc就不能识别，找不到文件了。第二种方式是单击［File］→［Export Corpus Files］，用该项命令保存时，以后可以改变被保存文件的路径。

5.检索

（1）简单检索。在顶部菜单栏上，单击［Search］后，再选择下拉菜单上的［Search］，即会出现检索框。如图2.34所示，在"Language"选项框中选择相应的语言，然后在"Enter pattern to search for"框中输入检索项。如果输入多个汉字，要注意汉语语料在分词后字词之间存在的空格，即有时在检索项中也要输入相应的空格。

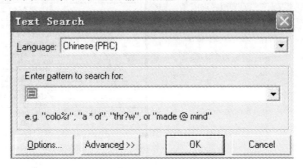

图 2.34　ParaConc 检索界面

检索结果如图2.35所示：

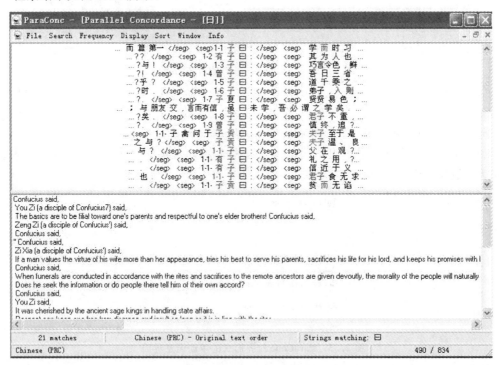

图 2.35　ParaConc 检索结果

（2）平行检索。单击［Search］选项，选择［Parallel Search］（平行检索），弹出检索设置框，选择语言，点击［Pattern］，在"Enter pattern to search for"框中，设置中文检索基本内容为

"曰"。同时对英语检索项也做类似的操作,单击[Pattern],在"Enter pattern to search for"框中输入"said",单击[OK]按钮。检索结果如图 2.37 所示。

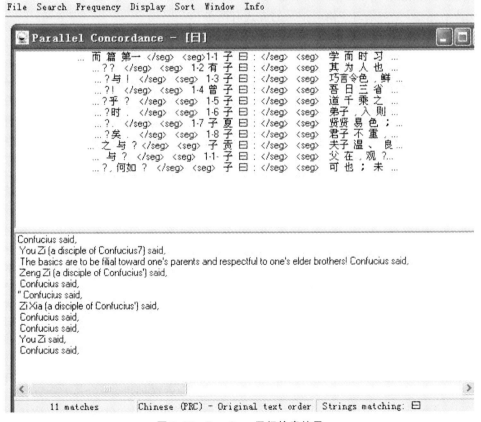

图 2.36 ParaConc 平行检索设置

图 2.37 ParaConc 平行检索结果

6. 小结

ParaConc 1.0 具有检索、分类、词频表、分布等功能。但对于翻译过程来讲,起关键作用的是自动对齐功能,虽然准确率还有待提高,但是也大大减少了人工劳动量。另外,译员可利用该软件来检索双语语料库中的翻译对等语和词语搭配，为翻译过程提供可取的建议。

四、翻译记忆

早期的计算语言学者致力于机器自动翻译，但是机器翻译并没有能够提供理想的译文。退而求其次，机助人译在提高效率的同时，也在很大程度上满足了客户对译文的要求。尤其是对于一些非文学的专业翻译。据统计，在不同行业和部门，这种资料的重复率达到20％～70％。平行语料库的制作和检索，对译者提供了巨大的帮助。为了将数据库与翻译过程更好地整合在一起，翻译记忆（Translation Memory）的概念也就应运而生。

翻译记忆技术原理如下：用户利用已有的原文和译文，一般先做好句级对齐，也不排除在其他层级上对齐原文和译文，即建立一个平行语料库，再将其导入某个辅助翻译软件的记忆库。这样，就建立起了一个或多个翻译记忆库，在翻译过程中，系统将原文与记忆库中的平行语料进行匹配，自动搜索翻译记忆库中相同或相似的翻译资源（如句子、段落），给出参考译文，让译者做出选择。这样可让用户避免无谓的重复劳动，主要做好新内容的翻译。有些特定软件具有生成翻译记忆库的功能，执行相应的设置后可存储成记忆库文件。建立翻译记忆库后，获得更多条对齐语料记录的方式有两种：

（1）利用助译软件，一边翻译，一边存储，这种方式最自然、最直接。

（2）导入此前已经译好的文件和双语平行语料文件，追加更多语料记录到翻译记忆库中。

有些使用翻译记忆库的软件也常被称为TMM（Translation Memory Managers，翻译记忆管理工具）。翻译时，TMM会不断更新翻译记忆库的内容，并将当前的原文与记忆库中的平行语料进行匹配，如果找到了与原文相符的旧有翻译（legacy translation pairs），则会呈现给译者。译者可以根据待译的原文语境选择接受、拒绝或修改。若加以修改，则修改后的译文也会作为新记录被存储到记忆库中。

为了寻找相似的区段，比较好的助译软件会使用模糊比对（Fuzzy Match）原理来对比待译原文和记忆库，并且会用特殊的标记呈现给译者，以便区分。如果资料完全相符，会搜寻到100％相符的文字，译者可直接接受该译文。另一个极端是完全无相似（no match，0％）的文字区段，这样的原文将由译者手动翻译。这些新翻译的文字区段会被存进数据库里，变成记忆库的一部分。更多的情况是句子相似度的值介于0％与100％之间，软件提供对译员有参考价值的句子。对于模糊匹配的阈值，通常软件会允许译员自行设定。阈值的设定需要考虑记忆库容量和译员的阅读负担。翻译记忆库越大，相似的句子可能就越多；符合阈值条件的句子越多，译员的阅读负担越大。使用翻译记忆库对于完成翻译过程具有极其重要的意义，主要表现如下：

（1）对于译员来说，可以节省不必要的重复劳动，提高劳动生产率，加速整体翻译的速度，即对于重复的翻译文字，译者只需加以校对，仅需翻译一次即可。

（2）对于翻译公司来说，可降低生产成本，提高整体效率水平。效率和质量是翻译公司追求的目标，有效利用翻译记忆，无疑对这二者都有显著提高作用。

（3）对于译文质量来说，可以保证翻译文件的一致性，包含通用词汇、语法句式、表达风格、专业术语等。尤其是当多个译者同时翻译一个项目或文件时相当重要。以翻译产品的使用手册为例，虽然产品升级换代较快，但其使用手册的内容大同小异，其中大量重复的文字只需要被翻译一次,便可以重复使用。

　　当前应用翻译记忆的代表性软件有:SDL Trados、Déjà Vu、Star Transit、Wordfast、MemoQ、Transmate 和雅信 CAT 等。

练习题

　　1.利用 BYU 语料库,按照本章的演示,检索一些例子。

　　2.从下面的网址上下载 ParaConc 软件,熟悉该软件的基本操作。

www. paraconc. com/

www. athel. com/para. html

　　3.从网上找到 1 000 字左右的中英文对照材料,创建一个平行语料库。

第三章　术语与术语库

术语是传播知识、进行文化交流不可缺少的重要表达方式。术语工作的进展和水平在一定程度上反映了全社会知识积累和科学进步的程度。术语正确的使用能够有效提高信息的清晰度,简化内容的创建和翻译过程,提高源语言产品的质量和可用性,满足行业间沟通交流的要求。

一、术语

术语是表达和限定专业概念的约定性语言符号,具有专业性、约定俗成性、科学性等特点;术语按照不同类型,可分为单义术语、多义术语、多源术语等。

1.术语的概念

术语中最常见的形式是作为语言单位的词或词组。只包括一个单词的术语叫作"单词型术语",由若干个单词构成的术语叫作"词组型术语"或"多词型术语"。术语可以被定义为"专业领域中概念的语言指称"或"在特定专业领域中一般概念的专业指称"。所谓"语言指称"和"词语指称"也就是诸如语音或者文字之类的约定性符号,其两者对于术语的定义是完全一致的。

术语所表示的概念既可以是物质的,也可以是非物质的;既可以是自然的,也可以是人为的;既可以是具体的,也可以是抽象的。术语应该准确地反映概念。术语是知识单位,术语和术语之间最重要的界限在于术语只用于专业知识领域。术语形成的重要途径之一是共同语言中词语的术语化。在特定领域中形成的术语,有些又逐渐运用于共同语言中。正因为如此,术语和非术语的交叉是常见的语言现象。

2.术语的特点

术语主要包括以下 8 个特征:

(1)专业性:术语是用来表达或限定专业概念的,是专门用途语言中最重要的组成部分,是专门用途语言中的基本单元,因此专业性是术语最根本的特征。

(2)约定俗成性:术语的命名要符合本民族的语言习惯,用字遣词正确规范、没有歧义,不蕴含褒贬感情色彩,结构符合该语种的构词规则和词组构成规则。约定俗成性和专业性是术语的最重要两个原则。

(3)科学性:术语应准确表达一个概念的科学内涵和基本属性,语义范围准确,不会引起概念的混乱和模糊,避免借用普通的生活用语和日常用语。

(4)单义性:一个术语只能表达一个概念,同一概念只能用一个术语表达,不能有歧义。仅少数术语属于两个或更多专业。

(5)简明性:术语需易懂、易记、简洁,避免使用生僻词语。

(6)稳定性:术语一经命名,非特别需要,不宜轻易改动。

(7)系统性:特定领域的各个术语,必须处于一个层次结构明确的系统之中,术语的命名要尽量保持系统性。同一系统概念的术语,应体现逻辑相关性,基础性术语确定后,其派生术语或复合术语应与之对应。

(8)国际性:术语应与国际上的术语概念接轨,以利于国际交流。

3.术语的类型

术语可以分为单义术语、多义术语、多源术语、同义术语、等价术语、同音术语、异形术语等类别。

单义术语是指只代表一个概念的术语。在一种语言中,如果一个术语只代表一个概念而且这个概念只能用这个术语表示,那么这种单义术语就叫作绝对单义术语,如汉语中北极星、立冬等术语。

多义术语是指一个术语可以表示两个或两个以上的概念,而这些概念之间又有某种语义上的联系,如英语中的 carrier 一词可以表示"载体""搬运车""航空母舰""载架""载波频率""带菌者""载运公司""带基因者"等数十种意思,而这些意思之间有着一定的联系。

多源术语一般指原语中的不同术语被译为同一术语。译语中术语由于具有原语术语中多个术语来源,所以叫作多源术语。如"逻辑移位"这个中文术语,来源于两个英语术语 logic shift 和 logical shift,因此它是一个多源术语。

同义术语是指两个或两个以上的术语表示同一个概念。例如"食盐"和"氯化钠",两个事物都表示同一事物,所以它们是同义术语。还存在一种特殊的同义术语,指称相同概念,但字面意义相反,例如"光洁度"和"粗糙度"、"安全线"和"危险线"指称的概念相同。但同义术语过多也往往会导致术语使用混乱,因此要对同义术语做认真比较,选取最好的一个做标准术语,至于其他的同义术语则根据用户对它们的使用态度进行个别处理。

等价术语指两种或两种以上的语言之间表示同一概念的术语。不同语言的等价术语其内涵和外延都是完全重合的。同义术语仅用于描述同一语言内的术语,而等价术语则用于描述不同语言的术语。如汉语的"流程图"、英语的 flowchart、德语的 Flussdiagramm,这 3 个术语都是表示"对某一问题的限定、分析或解法的图形表示;在这种表示图中,用符号来代表操作、数据、流向、设备等"。它们是表示同一概念的术语,所以是等价术语。不同语言中的术语是不是等价术语,要根据它们的定义来判断。定义是判断术语等价性的最有效手段。

同音术语是指一个术语表示两个或两个以上的概念,而且这些概念之间在语义上没有互相关系。例如英语中的 arm 可以指"上肢",亦可指"枪支";bloom 可以指"花",亦可指"钢锭"。汉语中,同音术语与汉字有着密切的关系,汉字相同、发音也相同而意义不同的术语叫作同形同音异义术语。例如"根"可以表示"植物的地下部分",也可以表示"代数方程式未知数的值"。发音相同、汉字不同、意义也不同的术语叫作同音异形异义术语,例如"肌腱""机件"和"基建"。

异形术语指一个术语由形状不同的汉字表示。异行术语是汉语中特有的一种同义术语。例如"日食"与"日蚀"、"角色"和"脚色"、"筹码"和"筹马"、"帐棚"和"帐篷"等术语,这些异行术语不能算为同音术语,因为它们不但发音相同,而且含义一样。

二、术语库

术语库也称为术语数据库,术语库的产生源于术语储存技术改革、术语信息快速查询及术语快速更新的需要。术语库具有输入、输出及存储功能。当前流行的术语库主要有 LEXIS 术语数据库、TEAM 术语数据库、EURODICAUTOM 术语数据库、NORMATERM 术语数据库、GLOT-C 中文术语数据库等。

（一）术语库的概念

术语库是指储存在电子计算机中记录概念和术语的自动化词典。现在绝大多数数据库都是用计算机来储存。

术语库产生的原因主要有如下几个方面。首先，术语储存技术改革的需要。传统的术语工作都是编写各种专业性术语词典，几乎完全靠手工完成。由于当今术语量的剧增，传统的手工方式已无法满足实际需要，必须革新储存技术。其次，缩短术语信息查询时间。由于术语数据量的巨大，术语查询便捷、快速也成为必要的需求之一。术语库的建立基本解决了这个问题。最后，促进术语快速更新。传统编纂方法费时费力，术语词典的出版周期很长，无法经常更新，为了提高术语词典的编纂效率和缩短术语词典的出版周期，也有必要采用计算机技术。利用计算机建立数据库，不仅能够以极快的速度处理数据概念体系极为复杂的术语数据，而且还能够存储大量的数据，这从根本上改革了传统的术语词典编辑技术，实现了术语词典编辑的现代化。

术语数据库的主要来源包括 3 个方面。第一，术语学家从各个领域的科技文献中分析得来的术语。这些术语在进入术语数据库之前，必须按照术语学原则进行处理和预加工。第二，其他术语数据库中的术语数据。为了在不同的术语数据库之间进行数据传输和转换，各个术语数据库必须具有兼容性。第三，术语数据库用户经常给术语数据库提供他们在工作中所接触到的各种新术语。

每个术语数据库都有 3 种功能。首先是输入功能，包括术语采集、术语校对及术语的计算机输入。其次是存储功能，要求在计算机上存储 3 种文件：作业文件、转移文件和主文件。作业文件是指存储内容未经核实的术语数据；转移文件是指从其他术语数据库转移过来的术语数据；主文件则是符合术语库要求的术语数据，并且每一条术语的各项数据都必须是规格化的。最后是输出功能，要能够提供用户两种术语数据，一种是针对某一个术语，输出它的有关数据项；另一种是针对某一学科领域，输出该学科的全部或部分术语数据。

（二）术语库的类别

1. LEXIS 术语数据库

LEXIS 术语数据库是德国国防部的术语数据库，于 1959 年开始研制，1966 年投入运行，该术语数据库所收集的术语主要由德国国防部翻译服务处提供，也有一部分术语是为翻译有关核潜艇的技术文献而搜集。LEXIS 的工作人员包括术语词汇学家和计算机专家，术语的年平均生产量是 35 000 条。LEXIS 系统的维护是用户导向，由翻译人员提出需要输入的新术语，最多不得超过两个星期就得处理完毕。

LEXIS 系统分为两部分，一个是服务用户的，在运行中不能随意改变，另一个是供研究用的，数据可以改变，等系统更新以后，再提供给用户使用。LEXIS 在两台 IBM 中型计算机上运行，一台是 IBM3033，供联机处理之用，一台是 IBM3031，供批处理之用。LEXIS 的经费几乎全是由德国政府提供的,它是目前在德国完全由政府给予财政支持的唯一的术语数据库。

2. TEAM 术语数据库

TEAM 术语数据库是德国西门子公司在慕尼黑设的外语服务处,在多年的翻译实践中它积累了数量相当可观的多种语言的技术术语。TEAM 术语数据库术语的年平均生产量只有 1 万多条。TEAM 术语数据库现有 100 万条术语,可分为若干彼此独立的字库(pool),所有的术语条目都包含德语术语并至少包括一种等价的外语术语。

TEAM 系统建立在 SIEMENS 7000 计算机上,输入可采用 OCR-B 专用打字机、软磁盘、VDU 视频显示器、文件编辑器等。输出方式也很多,可采用打印机、COM(计算机缩微胶片输出绘图仪)、照相排版、缩微胶卷、磁带及 VDU 视频显示器等输出。TEAM 术语数据库的用户主要是西门子公司的翻译人员及技术文献的编辑人员。

3. EURODICAUTOM 术语数据库

EURODICAUTOM 术语数据库是在 DICAUTOM 及 EUROTERMS 这两个术语数据库的基础上建立起来的。该术语库研制的目的首先是给欧盟的翻译人员提供一个便捷的动态联机系统,使他们迅速查询到所需术语;其次是使术语工作者避免重复劳动,也在一定程度上把欧洲共同体所使用的各种官方语言文件中的术语协调统一起来。

EURODICAUTOM 术语数据库有英语、法语、意大利语、荷兰语、丹麦语、西班牙语和葡萄牙等几种语言。该系统有 250 000 条普通术语和 75 000 条缩写术语,术语的更新速度是每年 10 000 条。该数据库在 SIEMENS 7760 计算机上运行,外围设备有大量的 VDU 的视频显示器。该数据库由欧洲共同体提供财政支持。

4. NORMATERM 术语数据库

法国标准化组织 AFNOR 的术语数据库,开发目的是控制和存取 AFNOR 日益增加的术语。目前,AFNOR 并没有设置专门的机构来管理 NORMATERM,术语数据库的工作由 AFNOR 情报文献服务处兼管。NORMATERM 术语数据库只收标准术语,对于所有术语的控制是非常严格的,每一条术语都要求绝对可靠。术语数据库现存 23 000 个概念,以法语形式储存,这些概念都根据 AFNOR 和 ISO 的有关术语标准做过认真的审查和仔细校核。

NORMATERM 术语数据库建立在法国标准化组织计算中心的 IRIS 45 计算机上,这台计算机主要用来管理 AFNOR 的文件,用于术语数据库的联机工作时间每天只有 1 小时。输入采用卡片阅读机,输出采用宽行打印机、COM 设备和 VDU 视频显示器。NORMATERM 术语数据库由法国政府提供财政支持,同时也得到了工业界的赞助。

5. GLOT-C 中文术语数据库

根据中德科技合作协议,中国学者冯志伟受中国科学院软件研究所派遣,于 1986 年至 1988 年在德国夫琅禾费研究院参与了 GLOT 术语数据库研制,使用 UNIX 操作系统和 INGRES 关系数据库,在 DEC-VAX11/750 计算机上建立了中文术语数据库 GLOT-C。这是世界上第一个中文术语数据库。GLOT-C 中文术语数据库收入了国际标准化组织从 1974 年到 1985 年期间 ISO-2382 标准中的全部数据处理术语。

与国外现有数据库相比,GLOT-C 中文术语数据库有两个显著特点:①重视术语结构与歧义的研究,提出"潜在歧义论"(PA 论);②重视术语数据库基本理论研究,提出了"术语形成的经济律"，证明了术语系统的经济指数与术语平均长度的乘积恰恰等于单词的术语构成频度之值，并提出"FEL 公式"来描述这一定律。GLOT-C 中文数据库的建立，为中文术语的计算机处理提供了有效的经验。

三、术语翻译

完整准确的术语翻译能有效地传递原语的信息，达到较好的交际效果，对术语翻译标准化也有积极的影响。术语翻译要秉持准确性、约定俗成和透明性原则。

1. 术语翻译的作用

翻译任何文字，首先要确立正确的术语，否则翻译工作就无从谈起。翻译文字要传递任何思想，必须有正确的术语译名。可以说，术语翻译是任何翻译文字的归宿。在翻译中尤其在科技翻译中，术语的翻译尤为重要。术语使用得正确与否，直接影响着科技信息传递与翻译交际的成败。在日常翻译中往往术语翻译得不地道、欠专业，而导致了译文与原文的信息不对称，致使两种语言所传递的信息出现误差，从而使两种语言的读者感受不同。

术语翻译的作用主要有以下 3 个方面。首先，术语准确和统一地翻译可以更完整、连贯地表达术语所限定的概念系统；其次，对于术语详熟的了解可以使译者更注重翻译的语用层面，译者可以更有效地传达作者真正的意图以达到更好的译语的交际效果；最后，术语翻译对术语标准化有着积极的影响。

李建民在《术语翻译与术语标准化的相互助益之策》一文中提出："纵观翻译中标准术语的使用情况，仍然会发现这样两个事实：一个是译者尽管苦思冥想，上下求索，有时甚至为了一名之立，旬月踟蹰，为伊消得人憔悴，却仍常常苦于找不到可供使用的标准术语；另一个则是在已经有标准术语可供使用的情况下，也并非所有科技译文中都使用了标准术语。因而，便造成了术语翻译的不尽如人意。"

术语的准确翻译能实现术语翻译的标准化和规范化，从而对术语的标准化工作产生积极影响。地道就是译文应该体现原文的专业特点，遣词造句是内行话，符合该专业的表达习惯。如在翻译 the jumping down from the cliff into the sea 和 the jumping down from the skyscrapers 时，如果只是简单地译为"从悬崖上跳入大海"和"从高楼上跳下来"，就没有很好地传递源语的本来信息，地道的翻译应为"悬崖跳水"和"高楼跳伞"。

2. 术语翻译的标准

首先，术语往往承载着一个学科的基本概念，本身具有单义性、定义精确的特点，因此，准确性应该是术语的首要原则。换言之，术语翻译的准确性就是术语要能准确地表达原文的意义，不能误导读者。徐嵩龄在《中国科技术语》一文中论述术语要准确翻译应做到：区分概念性术语与非概念性术语；坚持对概念性术语的专词专译；正确处理术语翻译中的"一词多译"；正确处理同义词翻译；正确地表达"词组型术语"的构成；保护音译术语的文化意义；在术语翻译中应当精于炼字；建立有助于提高我国术语准确性的术语管理体制。

其次，术语翻译应遵守约定俗成的惯例，所谓约定俗成是指某一事物由广大人民群众通过长期的实践而认定确立。钱三强在《努力实现我国科技名词术语的统一与规范》一文中指出，对于已"约定俗成"的名词术语，虽然定名并不贴切，但大家都已经习惯了，换个新的，人们倒不认识了,反而不利于统一,故应沿用。例如,科学界通行已久,人所共知的译名"牛顿"(Newton)、"爱因斯坦"(Einstein)等,即使发音或用字不够准确规范,一般也不更改。再如,FM,AM 全称为 frequency modulated transmitter 及 amplitude modulated transmitter,对应的翻译应为调频发射机和调幅发射机,但现习惯定为"调频"和"调幅",如果加以改动必将引起一系列派生词的改动,导致混乱与不便,因此未予以改变。

最后,术语翻译过程中还应尽量体现透明性的原则。所谓透明性,就是指能够比较容易地从译名回译到原文,例如,pragmalinguistic failure(语用语言失误)、poverty of stimulus(刺激贫乏)等透明性强的术语译名往往带有明显的原文色彩。

3.术语翻译的策略

术语翻译的策略归纳起来主要有两种,即异化策略和归化策略。通常情况下,术语翻译的路径是先异化后归化,而不是相反。这与文学翻译等类别的翻译不一样,因为术语翻译考虑的是准确、单一和规范,而不大考虑目的语读者的认知、接受和便利,而这一点却是文学翻译所不得不关注的。

在翻译过程中,这两种策略具体体现为"音译""意译""音意兼顾""形译"等方法。如 Watt(瓦特)、Newton(牛顿)、talkshow(脱口秀)等就是采用音译法。音译法是异化最明显的标志,是译介初始阶段最常用的一种方法。比如 science 和 democracy 两个词的翻译,刚开始的时候译为"赛因斯"和"德谟克拉西",用的就是音译法,后来才正式定译为"科学"和"民主"。

意译就是根据原文词语的意义,在汉语里用最贴切、最自然的词语将原意再现出来。为了更好地把握和运用好"意译",对术语构成进行分析不仅必要而且有益。例如 spaceship(太空船、航天飞船)、hovercraft(气垫船)、moonwalk(月球漫步)等。在具体翻译时,有些情况是音译和意译参半。这类术语大多由专有名词构成,比如 kilovolt(千伏)、sonar(声呐)、neon(霓虹灯)、duralumin(杜拉铝)等。

科技英语词汇中常常有以字母加一个词而组成的术语,如 V-belt(三角带)、T-bend(三通接头)、X-ray(X 射线)、H-scope(H 形显示器)等,这些术语翻译往往采用形译。

四、主流翻译术语库软件简介

早在 20 世纪 70 年代,翻译记忆工具就已经出现,但直到 20 世纪 90 年代中期才开始进行商业开发。随后国内外大量的计算机辅助翻译软件如雨后春笋般涌入市场,为越来越多的译员所认识并使用。当前计算机辅助翻译软件达数十种,如 SDL Trados、Déjà Vu X、Wordfast、雅信 CAT、Transmate CAT、雪人 CAT 入门、Transit、memoQ 等,SDL Trados 及 Wordfast 等翻译软件在之后的章节中有详细介绍,在此不做赘述,本节对部分软件做一简介,以供大家了解。

1.Déjà Vu X

Déjà Vu X 是 Atril Language Engineering 公司开发的翻译记忆系统,与 Trados 相比,尚不具有市场占有率高的优势。但它是一个精悍的系统,许多职业译员将它视作最有潜力的 TM 软件。Déjà Vu X 支持微软 Office 2007,可翻译 Word、PowerPoint、Excel 等程序存储的文件以及网页文件和 FrameMaker 存储文件。可以同时使用多个句库、术语库，能使用记忆库和术语库自动生成译文。Déjà Vu X 能处理微软操作系统所支持的世界各国语言。

除了一般主流计算机翻译软件共同具有的术语库、翻译记忆、库维护等功能外，Déjà Vu X 的主要功能有：浏览(Scan)，即在翻译记忆里快速查询待译文件中有多少已经完全有了完全匹配和部分匹配译文，并统计待译文件所需工作量；汇编(Assemble)，即将翻译记忆库里相关部分或结构类似的句子放到一起；预翻译(Pretranslate)，即分析文本并在翻译记忆中搜索相似句子译文，插到对应的翻译位置，并留待译员在正式翻译时修订；传播(Propagate)，即翻译完一句，就会在剩下的待译文件中寻找完全相同的句子，并自动插入相同的译文；自动搜索(Autosearch)，即现有译文，包括句子、短语或其他任何成分，都可以在各自的语境中检索出来，供译员参考使用；项目管理(Project Management)，即允许译员以流水线的方式，为一个或多个用户定制译文，以满足高效、高质量的要求；质量保证(Quality Assurance, QA)，即保证译员和项目经理在使用 Déjà Vu X 的过程中，译文在术语、数字以及编译等方面的一致性。

Déjà Vu X 是翻译记忆软件中的后起之秀。其优点主要表现在以下几个方面：

首先，Déjà Vu X 的术语管理极富特色。系统支持两级术语管理，分别是术语数据库和项目词典(lexicon)。项目词典因项目而异，因此其用途在于存储和项目紧密相关、特别有针对性的术语。在实际翻译过程中，针对原文，Déjà Vu X 会首先搜寻项目词典，然后是术语库，最后才是翻译记忆的句库。这一点使其较之于其他翻译辅助软件具有了突出的优势，因为项目词典是最有针对性的，依据这样的主次关系，Déjà Vu X 进行自动组合所得到的翻译素材，可用性强，能够大大节省译员的输入时间。

其次，Déjà Vu X 所使用的术语库和记忆库都是明确的数据库文件，用户可以将其和项目文件保存在同样的文件夹中，也可以单独保存。这种便利，使得保存、维护 Déjà Vu X 的翻译资源特别有效，不容易误删除宝贵的数据文件。

再次，Déjà Vu X 具有导出为外部视图的功能。译员可以将翻译完成的初稿，导出为双语对照的 Word 表格，供没有 Déjà Vu X 的校对人员阅读修改。因为对于表格的每一行，Déjà Vu X 都会生成一个序列号，因此修改校对完毕后，译员还可将外部视图文件导入回 Déjà Vu X 的项目文件。

除上面所提及的优点，Déjà Vu X 所支持的所有格式的文件，如果隶属于同一项目，就都可以导入到同一个项目文件中，共享同样的翻译记忆库、术语库和项目词典。这大大简化了项目管理，最大限度避免出现项目资源混乱情况。

2. 雅信 CAT

雅信 CAT 由东方雅信软件技术有限公司开发研制，是国内应用比较广泛的一款 CAT 软件。雅信 CAT 是为专业翻译人员量身打造的辅助工具，主要采用翻译记忆和灵活的人机交互技术，提倡让任何计算机进行优势互补，由译员把握翻译质量，计算机提供辅助，节省译员查字典和录入时间。该软件具有自学功能，通过翻译不断积累语料，减少劳动，避免重复翻译，修改和充实、丰富语料库，使语料库更准确、更实用。雅信 CAT 的另一大特点是系统附带的语料库丰富，译员可以在近百个专业库之间根据需要任意选择切换。普通译员经过一段时间的使用，可以有效提高自己的水平，成为专业译员；而专业译员则可以使自己更高效、更准确地完成翻译任务,有效提高翻译效率和专业水准。

总之,雅信 CAT 可以大幅提高翻译效率、节省翻译成本、保证译文质量,帮助译员优质、高效、轻松地完成翻译工作。熟练的操作速度可使翻译速度提高一倍以上,适用于需要准确翻译的团体和个人。"雅信 CAT 辅助翻译工具"具有增值潜力,不会因为人员流动等不稳定因素造成资源积累的负增长。但是对于汉英翻译,雅信 CAT 也会遇到汉语切分、分词的难题。众所周知,汉语篇章如何合理切分为词和词组,一直是计算机自动处理汉语的难题。在做汉英翻译的时候,由于分词不准确,雅信 CAT 提供的参考词汇也就缺乏参考价值。

3. Transit

Transit 翻译记忆软件是瑞士 Star Group 开发的一套功能完善的"电脑辅助翻译系统",专为处理大量且重复性强的翻译工作所设计。Transit 同时也是技术性翻译与文字本地化领域的专业软件,支持超过 100 种以上的语言,包括亚洲、中东以及东欧语系,并针对各种语言均采用单一的作业流程,被广泛应用于企业全球化作业程序中。

该软件的主要特色包括:对多个文件以单一文件进行管理;可管理及自动翻译文件内容,并提供记忆库中的现有译文及措辞建议;支持绝大多数文件格式;经 Transit 格式化建立的项目文件,多数维持在 10KB 以下,所占空间资源极小;可轻松管理及更新翻译记忆资料;可自定使用者接口;可将翻译文件合并加载,进行整体文件的浏览、搜寻替代、拼字与格式检查工作,并进行存取;具备进度显示功能;执行速度完全不受文件大小影响和限制;即使在具备最少资源的电脑上运作,仍有令人满意的成效;具有一致性的品质监控;可与桌面排版系统(Desktop Publishing,DTP)整合;能协助翻译人员进行翻译,并提供适用于所有专案的单一供应环境、以翻译为导向的多视窗编辑器;在翻译内存中比对搜寻;通过 TermStar 术语字典自动进行术语搜寻。

由于 Transit 具备翻译记忆及质量管理的功能,项目经理可以妥善管理企业内部的翻译项目,完全支持 FrameMaker、XML、HTML、MS Word、PowerPoint、Adobe Indesign 等主流文件格式。同时也能够管理旧有翻译与专业术语,向译者提供翻译时的建议与参考,借此提高翻译人员的生产力,减少人力成本。

4. memoQ

memoQ 是一款操作简便、功能强大的计算机辅助翻译工具。memoQ 界面友好、操作简便,它将翻译编辑功能、翻译记忆库、术语库等集成在一个系统中,具有长字符串相关搜索等功能,还可兼容 SDL Trados、STAR Transit 及其他 XLIFF 提供的翻译文件。

通过 memoQ Server,可以实现多人共同进行翻译。同时可以共享记忆库和术语库,并且在翻译时即时保存修改的翻译到服务器上,多人可以互相查看。同时还可以通过在线沟通工具进行信息交流。具体操作方法将在第四章进行详细介绍。

5. 云译客术语库

云译客是传神语联网旗下的一款在线计算机辅助翻译软件,其术语库和语料库管理可以帮助译员在翻译过程中实现术语、语料的记忆、保存和修改,保证术语统一,同时提高翻译效率。术语库包含"我创建的库""我收藏的库""共享给我的库"和"云术语库"。

"我创建的库"可以设置为公开,供其他用户收藏使用,公开时可以设置收藏所需的 E 力,如要收藏此库则需按要求支付 E 力。"我创建的库"还可以进行共享操作,即将"我的库"

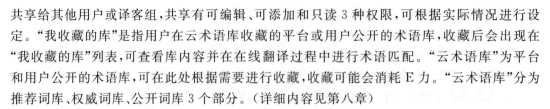

共享给其他用户或译客组,共享有可编辑、可添加和只读 3 种权限,可根据实际情况进行设定。"我收藏的库"是指用户在云术语库收藏的平台或用户公开的术语库,收藏后会出现在"我收藏的库"列表,可查看库内容并在在线翻译过程中进行术语匹配。"云术语库"为平台和用户公开的术语库,可在此处根据需要进行收藏,收藏可能会消耗 E 力。"云术语库"分为推荐词库、权威词库、公开词库 3 个部分。（详细内容见第八章）

6.在线术语库

在线术语库主要供译者或相关工作人员在线查询各学科领域术语,常用在线术语库如下:

(1)术语在线(网址:www.termonline.cn/index.htm)。"术语在线"聚合了全国科学技术名词审定委员会权威发布的审定公布名词数据库、海峡两岸名词数据库和审定预公布数据库,累计 45 万余条规范术语。覆盖基础科学、工程与技术科学、农业科学、医学、人文社会科学、军事科学等领域的 100 余个学科。提供术语检索、术语分享、术语纠错、术语收藏、术语征集等功能。

(2)中国规范术语(网址:shuyu.cnki.net)。"中国规范术语"是中国知网和全国科学技术名词审定委员会的合作项目,根据名词委历年审定公布并出版的数据制作,供读者免费查询。本库旨在帮助专业工作者规范、正确使用本领域的专业术语,提高专业水平。

(3)中国特色话语对外翻译标准化术语库(网址:210.72.20.108/index/index.jsp)。"中国特色话语对外翻译标准化术语库"是中国外文局和中国翻译研究院主持建设的首个国家级多语种权威专业术语库。该平台发布了中国最新政治话语、马克思主义中国化成果、改革开放以来党政文献、敦煌文化等多语种专业术语库的 5 万余条专业术语,并已陆续开展少数民族文化、佛教文化、中医、非物质文化遗产等领域的术语编译工作。

(4)联合国多语言术语库(网址:unterm.un.org/UNTERM/portal/welcome)。"联合国多语言术语库"是联合国内部官方多语种术语库,收集的词汇主要源自联合国大会、安全理事会、经济及社会理事会、托管理事会等主要机构的日常文件。

(5)SCIdict(网址:www.scidict.org)。"SCIdict"涵盖金融、生物医药、机械、信息技术等领域专业术语,中英词条均可查询。

(6)语帆术语宝(网址:termbox.lingosail.com)。"语帆术语宝"是一款在线术语管理工具,可帮助翻译从业人员管理术语、检索术语、标注术语、采集术语、分享术语等。当用户上传术语到在线术语管理系统后,可以在 Word 中标注术语译文,方便用户翻译时参考。

练习题

1.简述术语和术语库的特点和类型。

2.简述术语翻译的作用及标准。

3.简要分析当前主流翻译软件的特点。

第四章　memoQ 入门

memoQ 是 Kilgray 公司开发的一款计算机辅助翻译软件。Kilgray 公司成立于 2004 年,总部位于匈牙利,经过 10 多年的发展,memoQ 已跻身业内最受欢迎的计算机辅助翻译软件前列,越来越受到国内外翻译行业从业者的欢迎。本章将以 memoQ 9.1.8 版为基础,介绍翻译生产实践背景下的 memoQ 基本功能及操作入门。

一、memoQ 的安装准备及过程演示

(一)安装环境及软硬件要求

表 4.1　memoQ 的软件安装要求

内存	最低 2GB,建议 4 GB 或以上
硬盘空间	最低 520 MB(不包括工作数据及.NET Framework)
屏幕分辨率	最低 1024x768 像素;推荐 1920x1080 像素
操作系统	• Windows 7(SP1 或更高版本) • Windows 8.1(Windows 8.1 更新:KB2919355) • Windows 10(版本号 1607 或更高版本) memoQ 9.0 以后版本只支持 windows 64 位系统 Mac:iMac 和 MacBook 运行 memoQ 需在虚拟机中实现(如:VMWare 或 Parallel)
.NET Framework	4.7.2 版或更高版本
适用的文字处理软件	Microsoft office 2003 及以上

图 4.1　系统属性截图

（二）软件下载

登录 memoQ 官网（网址：www. memoQ. com），在页面右上角点击［Downloads］，选择需要的 memoQ 版本（此处以 9.1.8 版本为例），如图 4.2 所示。

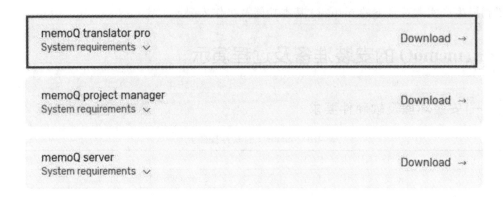

图 4.2　memoQ 软件下载界面

（三）软件安装

默认下载到指定的存放目录后，即可开始软件安装。

1. memoQ 程序安装

安装前，确保电脑网络连接正常，最好暂时退出杀毒软件。双击［memoQ-Setup-9-1-8. exe］，弹出安装语言选择对话框，此处所提供的语言并没有中文，选择"English"，点击［OK］进行下一步。

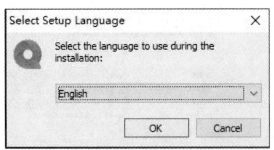

图 4.3　memoQ 安装过程(1)

如果计算机之前未安装 .NET Framework，点击［OK］之后，会自动弹出 .NET Framework 安装对话框，按照对话框指引进行安装。

图 4.4　.NET Framework 安装界面

　　.NET Framework 安装完成后,电脑会提示重启生效,可以重启电脑后继续安装 memoQ 程序。

　　按照对话框指引,连续点击[下一步],便可以完成 memoQ 程序的安装。

图 4.5　memoQ 安装过程(2)

2. memoQ 初始设置

为了使 memoQ 更符合用户使用习惯，初次打开 memoQ 会弹出初始设置框，此处可以设置字体大小、是否显示非打印字符等（后续也可以在软件设置中进行调整）。值得注意的是项目文件的存放路径，默认情况下 memoQ 会将项目文件存到系统盘，随着翻译项目的积累，会给系统盘带来较大的存储压力，建议选择新的存放路径。

图 4.6　初始设置界面

二、memoQ 主界面介绍

相比其他 CAT 软件，memoQ 除了完善的翻译辅助功能，界面友好、操作简单可能是其最大的优势。memoQ 在仅 150M 的安装程序内集成了翻译编辑、翻译记忆库、术语库等多个模块。下面将简单介绍 memoQ 界面按钮以及翻译生产中一些常用的功能。

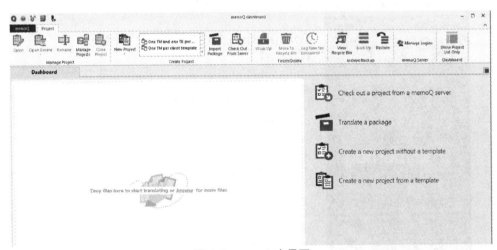

图 4.7　memoQ 主界面

memoQ 主界面采用灰白色调，用户可以自定义外观、功能区及键盘快捷键等。在主界面左上角排列着一行小图标 （在 memoQ translator pro 默认设置下）。这里可谓是通向 memoQ 精彩世界的大门，下面自左往右逐个介绍这些图标。

（1） 按钮为 memoQ 的 logo，在这里除了表明身份并无实际功能。

（2） 为 memoQ 的"帮助"按钮，单击（或按快捷键 F1）即可快速打开帮助文档，方便新老用户查阅。

（3）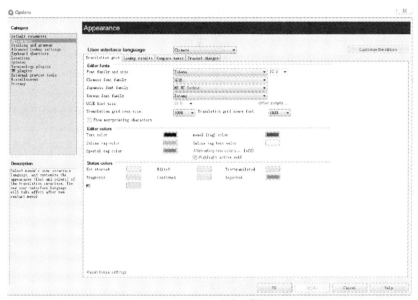为"选项"按钮，集合了 memoQ 几乎所有的设置，也是用户在翻译作业过程中最常用的按钮之一。例如，可以设置中文界面，具体步骤如下：

①点击"Category"下第二项"Appearance"。

②在"User interface language"中选择语言"Chinese"，然后从"Chinese font family"中选择"宋体"，点击［OK］。关闭软件后重新打开，界面将切换为中文界面，如图 4.8 所示。

图 4.8　memoQ"选项"界面

（4）为"资源控制台"按钮，是 memoQ 中最重要的按钮之一，这里不仅仅集成了翻译记忆库、语料库、各种规则（自动翻译、自动更正、断句规则等）、QA 设置、LQA 设置、TM 设置等资源（见下图方框处），同时还可以实现 memoQ 核心功能的相关自定义设置。想要做到精通 memoQ，这一按钮下的功能及自定义设置必须熟悉。

图 4.9　memoQ"资源控制台"界面

（5）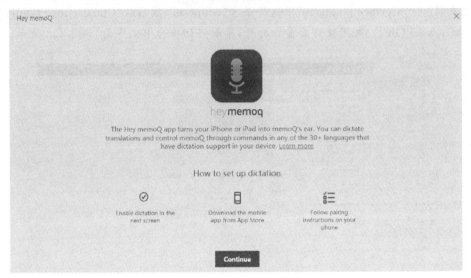为"Hey memoQ"的设置按钮，通过手机端下载的"Hey memoQ"APP（目前仅支持 iPhone 和 iPad），可以实现语音命令听写译文并控制 memoQ，如图 4.10 所示。虽然暂时用户体验一般，但这也从侧面说明了 memoQ 在积极尝试新技术，试图通过技术集成改善用户使用体验，这也是近年来 memoQ 突飞猛进的原因之一。

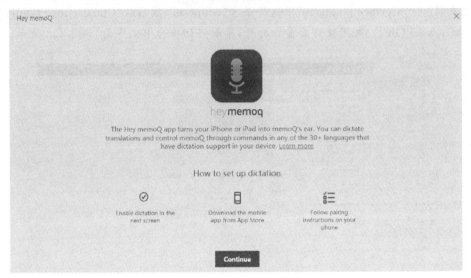

图 4.10　Hey memoQ 界面

三、新建项目准备及流程剖析

新建项目对于一个 CAT 软件用户来说可能是再熟悉不过的事了，但实践中不少用户并不真正懂得如何合理地新建项目，不仅仅是初学者，很多译员甚至是翻译公司项目经理新建项目时仍存在不太合理之处。究其原因，无外乎是对翻译项目生产流程不熟悉以及对特定文件注意事项不了解。

任何事情都有其特殊性，翻译项目也是如此。因此，每个项目的处理都应该尽量提前充分考虑，从而确保流程合理、操作简化，避免冗余操作，实现一气呵成。

为了更直观地演示 memoQ 的操作，此处通过两个中译英的 Word 文档进行演示。

（一）规范文件存储

每个翻译项目的完成会涉及多个流程，每个流程都避免不了会产生一定的过程文件，例如排版后的文件、审校后的文件、字数统计文件等。这么多的文件如果没有好的存放习惯，那么必会导致混乱。因此，文件分门别类存放很有必要。操作如下：

（1）新建示例文件夹。

（2）在示例文件夹中依次创建：1-客户原件、2-译前文件、3-派发文件、4-译员回稿、5-审校文件、6-提交译文、7-语料术语、8-字数统计。

这是从项目经理的角度出发创建的文件夹结构，个人译员可以相对简单些：1-客户原件、2-译前文件、3-提交译文、4-语料术语、5-字数统计。良好的文件存储方式和习惯会减少项目文件管理不必要的麻烦。

图 4.11　文件夹结构图

（二）翻译要求分析

每个项目都有其特殊性，因此翻译开始前了解其特殊性尤为重要。只有充分了解翻译项目的特殊性（包括但不限于客户的特殊要求、文件的特殊情况等），在项目新建的时候才可以有针对性地做好译前处理和过滤器设置。

下面就最常见的 Word、Excel、PowerPoint 文件简单罗列一下常见的特殊情况。

表 4.2　Microsoft Office 文件的特定翻译信息

类型 编号	Word	Excel	PowerPoint
1	突出显示	突出显示（包括字体颜色）	突出显示
2	图片	图片	图片
3	隐藏	隐藏	隐藏
4	内嵌文件	内嵌文件	内嵌文件
5	其他语种	其他语种	其他语种
6	目录	特定行列或表单	备注
7	批注	工作表名称	

因此，新建项目时一定要根据具体要求进行软件设置或对文件进行特殊处理。

（三）新建项目

1.创建新项目

经过前面两步的准备工作后，便可以正式开始新建项目。点击菜单栏[New Project]下拉框中的[New Project]，或直接点击页面右侧的[New Project without template]，进入新建项目界面，如图 4.12 所示。

图 4.12　新建项目方式（1）

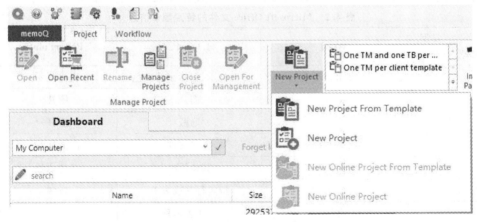

图 4.13　新建项目方式（2）

这里创建项目选择的是创建本地新项目，如果有设置好的项目模板或需要创建服务器在线项目，对应选择即可。

2. 填写项目信息

创建项目后，应输入项目名称、选择源语言和目标语言，并根据自身需求选填细节信息，完成后点击［Next］。项目名称应该完整、准确、一致。不规范的项目命名方式会给以后的项目管理带来巨大的麻烦。因此建议在初期就养成良好的习惯。

由于日常工作接触的翻译领域众多，同一领域的不同的客户可能还有不同的用词、表达习惯，因而项目的命名可以以"领域""客户""语言方向"等为关键词进行分类管理。如果是翻译公司项目经理可能还会涉及多个语种。

推荐命名规则:客户名-领域-语言对-Projects,如图 4.14 所示。

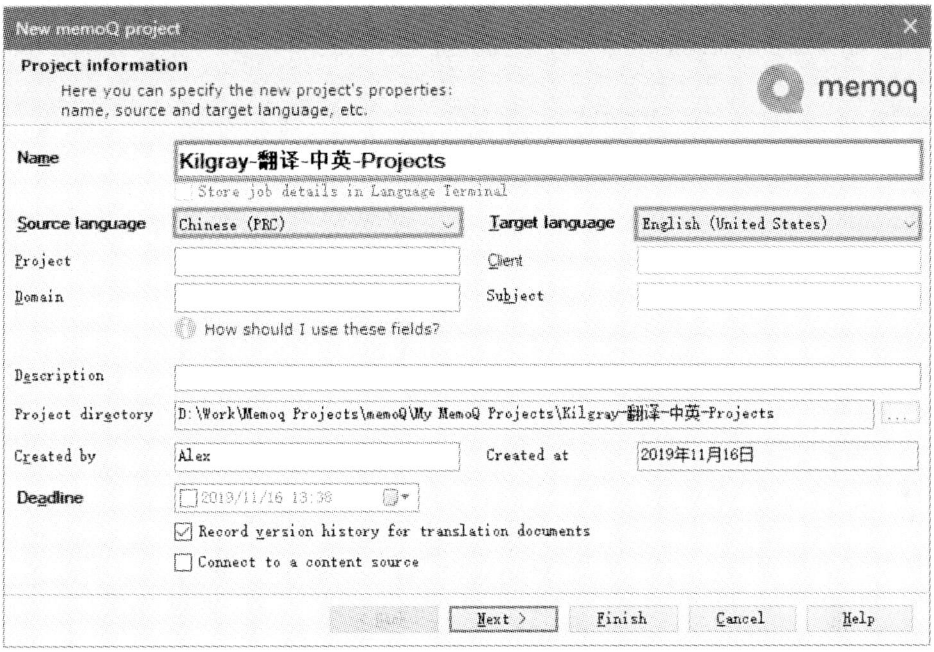

图 4.14　填写项目信息界面

※经验分享:大家可能会问:"Kilgray"是客户名称,"翻译"为领域,"中英"为语言对,为何加上 Projects 呢?

这是反复实践后得出的经验,日常工作场景中,同一客户可能会长期下单,如果每批文件都单独创建项目势必会重复操作耽误时间,为了提高效率,减少不必要的重复,新增的文件导入既有项目即可。

按照项目命名规则填写项目名称后,最重要的就是填写项目的语言方向(语言对),在列表中选取即可。此外的一些细节信息,根据实际需要填写即可。完成后,单击[Next]。

3.导入文件

步骤 2 的操作完成后,会弹出导入文件窗口(如图 4.15 所示),但这并不是 memoQ 导入文件的唯一方式,而且当你用了一段时间 memoQ 后,还会发现在这里导入不是最好的选择。所以这里直接选择下一步,将文件导入放到最后一步来操作。

※经验分享:为何说在上面窗口中导入文件不是最好的选择?

显而易见,项目创建至当前阶段仍未完成。翻译实践中会经常遇到有问题的原件,不明原因的问题文件会直接导致文件导入失败,前面的项目准备工作也付诸东流。因此我们选择完成项目创建后再导入文件,即使文件导入失败,项目也仍然存在。

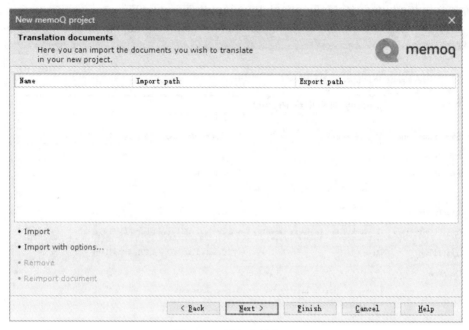

图 4.15　导入文件窗口

4.创建记忆库

翻译记忆库（TM）作为 CAT 软件翻译记忆功能的载体，用来存储翻译过程中产生的双语对应的翻译单元，从而减少相同句段重复翻译的工作量。

步骤 3 后便来到项目创建的重要步骤——创建翻译记忆库。在这里同样需要按照一定的命名规则来填写翻译记忆库的名称。

推荐命名规则：客户名-领域-语言对-TM，如图 4.17 所示。

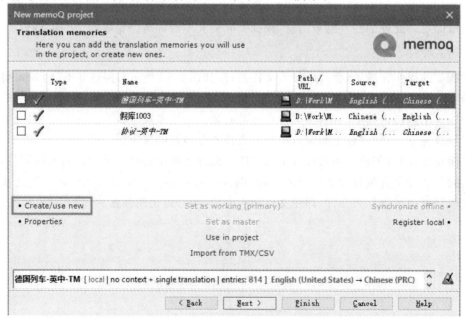

图 4.16　创建翻译记忆库界面(1)

单击[Greate/use new]创建新的翻译记忆库,按照上述规则选填相关信息。

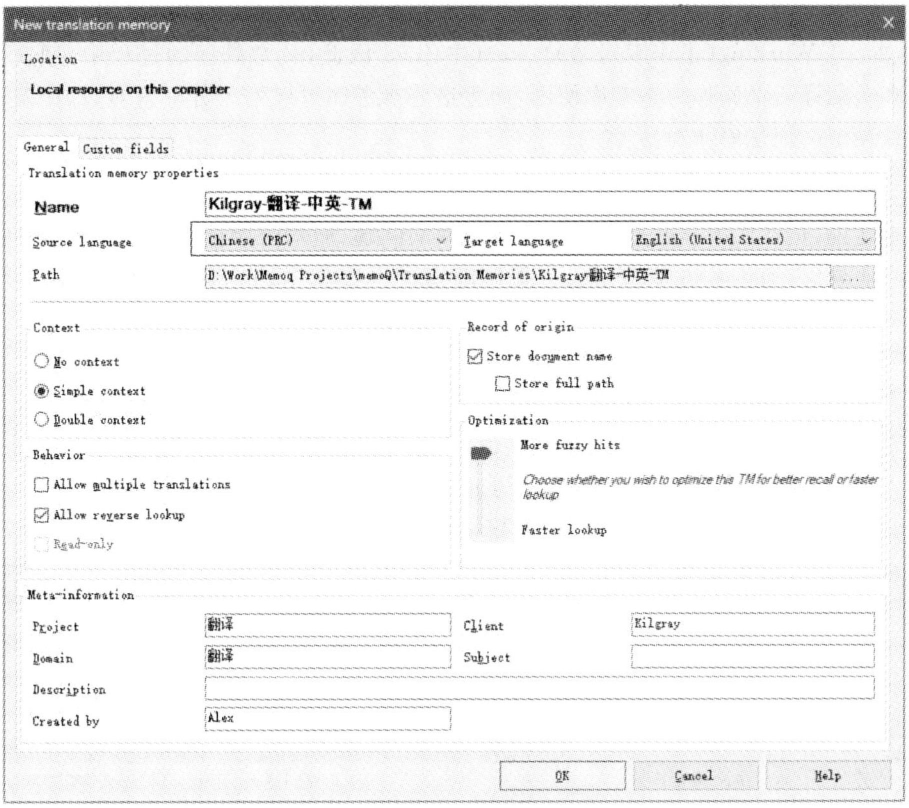

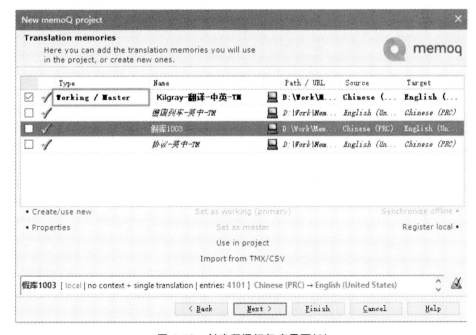

图 4.17　创建翻译记忆库界面(2)

填写完记忆库名称之后,其他设置保持默认状态即可,单击[OK]确定。

图 4.18　创建翻译记忆库界面(3)

如图 4.18 所示，名为"Kilgray-翻译-中英-TM"的翻译记忆库已经创建完成。值得注意的是，在 memoQ 中单个项目可以加载多个翻译记忆库，且记忆库的属性分为两种（见图 4.18 方框处）：①Working（工作库），②Master（主库）。因此，日常翻译的过程中，用户可以同时加载多个翻译记忆库作为参考库使用，而且这些参考库可以不区分语言对，即中英的项目可以加载英中的记忆库作为参考。

5. 创建术语库

简单地说，记忆库解决的是句子或段落层面的问题，而术语库针对的是句子或段落中的高频或专业词语，通过术语库的创建可提高专业词汇在文中的一致性，减少一词多译的可能性。

在完成记忆库创建之后，自然就是创建术语库了。总的来说术语库的创建注意事项及流程和翻译记忆库基本一致。在 memoQ 中术语库是不区分语言对的，因此命名规则可以稍有调整。个人译员一般是双语之间的转换，术语库体现客户、专业即可。对于翻译公司项目管理人员或涉及多语言转换的译员，术语库的命名一定要体现语种，避免混乱。

推荐命名规则：客户名-领域-语言对-TB，如图 4.20 所示。

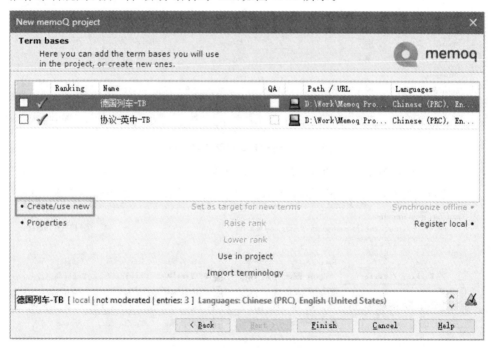

图 4.19　创建术语库界面(1)

单击［Create/use new］创建新的术语库，按照上述规则选填相关信息。

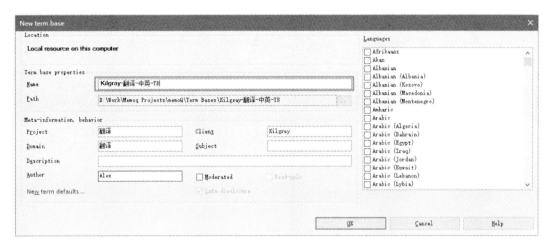

图 4.20　创建术语库界面(2)

填写完术语库名称后其他默认即可,此处并不需要在上图右侧的语言栏选择对应语言,创建项目时填写的语言可以直接映射引入。单击[OK],完成术语库创建。

单击[Finish],完成项目新建。

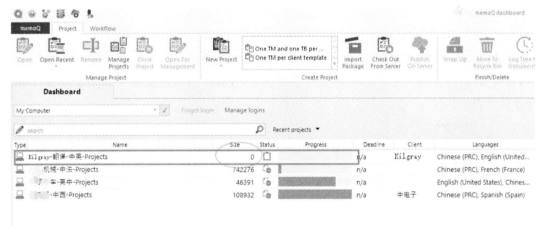

图 4.21　项目创建完成界面

6.导入文件

按照前文步骤 1—5 完成操作后,项目已经创建完成。但由于我们将步骤 3 的文件导入操作后置,此时创建好的项目只是一个框架(如图 4.21 圈处所示)。根据文件特点以及客户要求确定断句规则后,即可向已创建好的项目中添加待翻译文件。双击打开创建好的项目,向项目框架中添加文件或文件夹。

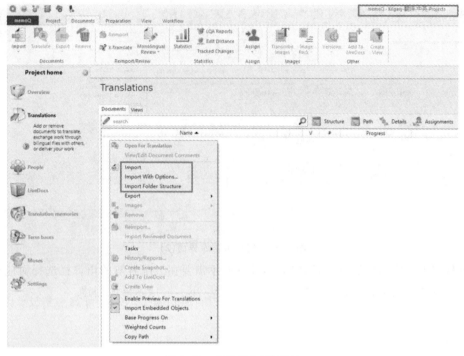

图 4.22　文件导入界面(1)

　　为满足实际使用场景，memoQ 可以选择导入文件和文件夹。在本文实例中选择导入文件，右键选择"Import With Options（选择性导入）"，在弹出对话框找到"2-译前文件夹"中做好译前处理的文件。

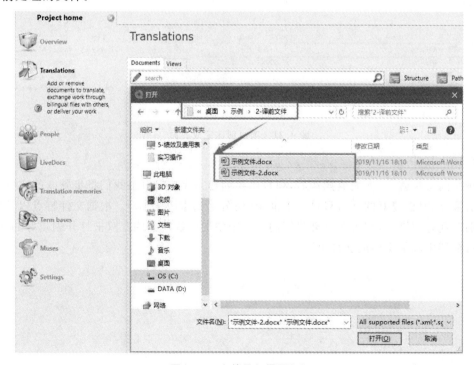

图 4.23　文件导入界面(2)

单击[打开],弹出对话框,如图 4.24 所示。

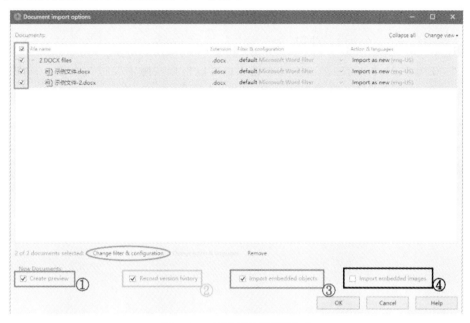

图 4.24 过滤器设置界面(1)

前文提到过每个项目都有其特殊性,需通过文件分析确定过滤器的选择。memoQ 为每类文件提供了对应的过滤器,此处默认过滤器配置的是"Microsoft Word Filter",但实际情况中,默认的设置往往不能满足实际需求或默认的设置会带来一些不必要的麻烦,所以通常需要根据实际情况在图 4.24 椭圆框处单击[Change filter & configuration]修改默认设置。

图 4.25 过滤器设置界面(2)

如图 4.25 所示，可根据实际需求设置 memoQ 编辑器界面标签的显示格式、所需导入内容、导入或需排除的样式以及一些特殊符号断句情况。一些常用的设置组合还可以通过右上角的  进行保存，方便以后使用。

此外，在图 4.24 下方的①②③④4 个选项也可以根据实际需要进行设置。特别强调① Greate preview（创建预览），可实现译文的实时预览，如图 4.26 所示。

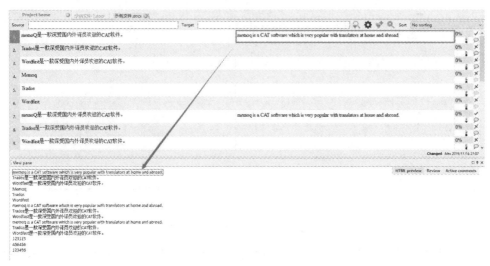

图 4.26　实时预览界面

四、使用 memoQ 进行翻译

与传统的文档对照翻译相比，借助 memoQ 翻译更加便捷。下面先简单介绍一下翻译编辑界面。

图 4.27　编辑器功能区分布图

默认设置下，双击打开已导入的待翻译文件即可打开 memoQ 编辑器界面，各功能区分布如图 4.27 所示。

1. 翻译

熟悉各功能区后，用户便可以开始在译文区翻译了。完成一句翻译后按下"Ctrl＋Enter"，该句子会变为已确认状态，同时还会自动完成完全匹配句段的自动填充和添加记忆库操作。当光标移到第二句话的时候，由于两句话只是 memoQ 和 Trados 的不同，在右侧会提示 94％匹配度的句段，鼠标双击右侧的句子或按下"Ctrl＋1（对应数字编号）"即可快速填充到译文区，此时程序自动替换了"memoQ"，我们只需要按下"Ctrl＋Enter"确认即可完成该句翻译；如果未自动替换，则需手动将"memoQ"替换为"Trados"。

在原文区可以看到有灰色底纹的文字，这是对术语库中术语的高亮显示，可以通过快捷键"Ctrl＋对应数字编号"快速插入。翻译相关的操作相对简单，只需要掌握并熟练使用一些快捷键即可（见本章末尾快捷键附表）。

点击 memoQ 的筛选过滤按纽 ，可以实现快速批量操作，提高翻译效率。不同条件的组合会实现意想不到的效果，可以根据具体需求自己探索（筛选条件如图 4.28、4.29 所示）。

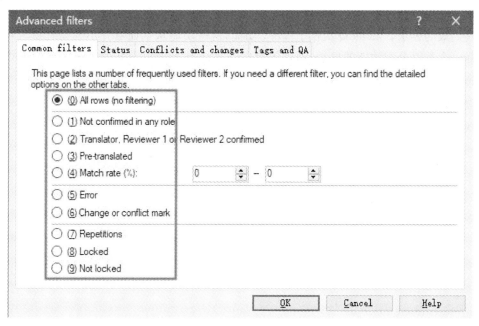

图 4.28　筛选过滤界面(1)

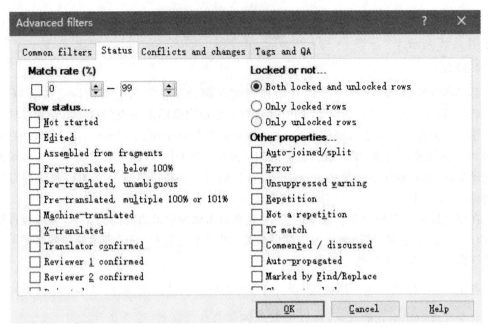

图 4.29　筛选过滤界面(2)

上面介绍的是单个文件的翻译,如果是多个文件该怎么高效处理呢？显然逐个文件打开不是高效的做法。memoQ 提供了 View 功能,这一功能从字面看并不容易理解。可以将其比作一个具有分类功能的口袋,通过不同的条件组合来确定需要装进去的内容。下面结合示例项目演示如何借助 View 功能来处理多个文件的项目。

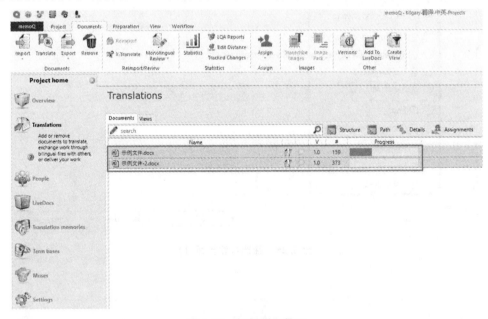

图 4.30　示例项目界面

在示例项目中,一共有两个文件,共计 532 字,选中两个文件后右键选择[Create view]。

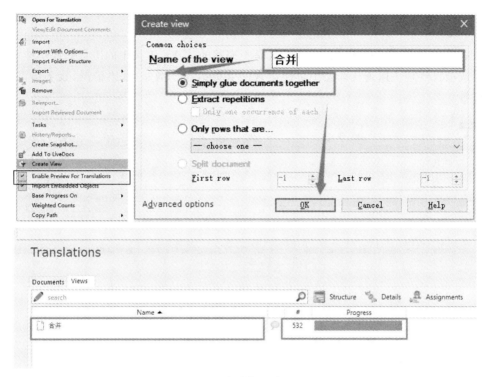

图 4.31　创建视图演示界面

　　首先创建一个名为"合并"的视图,选择合并文件,单击[OK]即可将项目中的两个文件合并在一起,从而实现多个文件的批量操作。如果想要按条件创建视图该怎么操作呢? 在创建视图窗口的左下角点击[Advanced options],这里提供了各种筛选条件供自行排列组合,如图 4.32 所示。

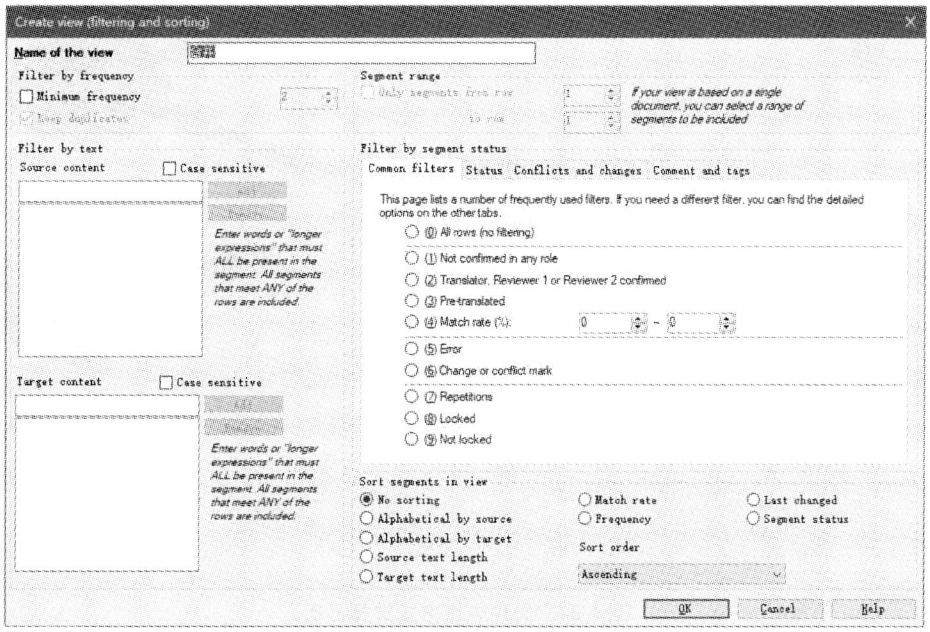

图 4.32　创建视图高级选项界面

2.质量保证(QA)

没有质量保证(QA)功能的 CAT 工具是不完整的,CAT 工具中的质量保证功能可以协助译员或项目经理快速查找译文中可能出现的低级错误。例如,术语错误、数字错误、翻译不一致等。

图 4.33　QA 结果界面

如图 4.33 所示,当运行 QA 后,软件自动将可能出现错误的句子罗列在一起,这大大减少了人工检查的工作量。

3.导出译文

文件质检审校完成后,需要导出最终译文。memoQ 提供了两种译文导出方式:按原文件存储路径和自定义存储路径导出(如图 4.34 所示)。根据前文提到的规范文件存储,显然选择导出到自定义路径更有利于实现译文快速归档。

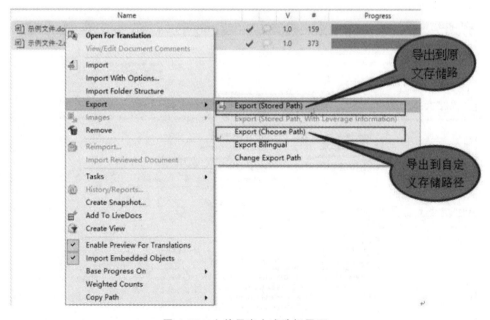

图 4.34　文件导出方式选择界面

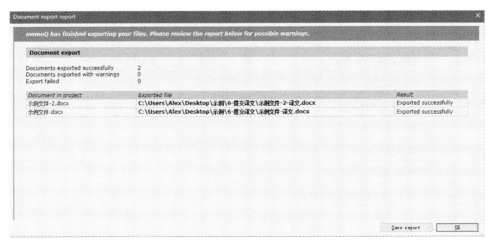

图 4.35 文件导出完成界面

附录:memoQ 常用快捷键

TB 编辑器	
查找/替换列表	
确认	Ctrl+Enter
确认但不更新	Ctrl+Shift+Enter
替换	Ctrl+空格
移动至前一个条目	Ctrl+向上方向键
移动至下一个条目	Ctrl+向下方向键
翻译文档	
保存当前文档	Ctrl+S
编辑原文	F2
插入当前结果	Ctrl+空格
插入结果列表中第 1 个结果	Ctrl+1
插入结果列表中第 2 个结果	Ctrl+2
插入结果列表中第 3 个结果	Ctrl+3
插入结果列表中第 10 个结果	Ctrl+0
插入结果列表中第 11 个结果	Ctrl+Shift+1
插入结果列表中第 12 个结果	Ctrl+Shift+2
插入结果列表中第 13 个结果	Ctrl+Shift+3
插入组合的结果	F4
查看/编辑当前结果	Ctrl+Alt+Enter
查找原文或译文	Ctrl+Shift+F
错误和警告	Ctrl+W

翻译文档	
复原至最早版本	Ctrl＋Shift＋E
拒绝	Shift＋Enter
拼写检查	F7
切换标签插入模式	F6
切换文本标记模式	Ctrl＋Shift＋M
切换预览面板内容	F10
切换至下一个布局	F11
确认	Ctrl＋Enter
确认但不更新	Ctrl＋Shift＋Enter
锁定/解锁	Ctrl＋Shift＋L
跳转至下一个	Ctrl＋G
跳转至下一个设置	Ctrl＋Shift＋G
选择所有句段	Ctrl＋Shift＋A
在翻译结果列表中向上移动	Ctrl＋向上方向键
在翻译结果列表中向下移动	Ctrl＋向下方向键
注释	Ctrl＋M
自动更正设置	Ctrl＋Shift＋O
解决错误和警告	
忽略并移动至下一个	Ctrl＋空格
确认	Ctrl＋Enter
确认但不更新	Ctrl＋Shift＋Enter
刷新数据	Ctrl＋Shift＋R
移动至前一个条目	Ctrl＋向上方向键
移动至下一个条目	Ctrl＋向下方向键
应用自动更正	Ctrl＋Alt＋空格
句段编辑器	
memoQ 网络查找	Ctrl＋F3
编辑行内标签	Ctrl＋F9
插入所有标签	Alt＋F8
查找术语	Ctrl＋P
粗体	Ctrl＋B
分割	Ctrl＋T
复制(C)	Ctrl＋C
复制下一个标签序列	F9

续表

句段编辑器	
合并	Ctrl＋J
剪切（T）	Ctrl＋X
将选中内容复制到目标句段	Ctrl＋Shift＋T
将选中字/词移到右边	Ctrl＋Shift＋N
将选中字/词移到左边	Ctrl＋Shift＋B
将原文复制到译文	Ctrl＋Shift＋S
快速插入标签	Ctrl＋F10
快速添加术语	Ctrl＋Q
排列标签	Alt＋F6
切换大小写	Shift＋F3
上标	Ctrl＋Add
添加非译元素	Ctrl＋Alt＋N
添加术语	Ctrl＋E
下标	Ctrl＋Shift＋Add
下划线	Ctrl＋U
斜体	Ctrl＋I
选择所有文本（A）	Ctrl＋A
移除所有标签	Ctrl＋F8
语词检索	Ctrl＋K
在水平编辑控件中向上移动	Alt＋向上方向键
在水平编辑控件中向下移动	Alt＋向下方向键
粘贴（P）	Ctrl＋V
术语提取	
过滤器	Ctrl＋Shift＋F
接受为术语	Ctrl＋Enter
前一行	Ctrl＋向上方向键
前缀合并和隐藏	Ctrl＋M
切换结果和术语库	Ctrl＋G
舍弃术语	Ctrl＋D
添加为停用词	Ctrl＋W
跳转至	Ctrl＋空格
下一行	Ctrl＋向下方向键
选择所有行	Ctrl＋Shift＋A

练习题

1. 练习安装 memoQ 最新版本软件。
2. 使用 memoQ 软件新建翻译项目、导入翻译文档、进行文档翻译并导出译文。
3. 比较 memoQ 与 SDL Trados 计算机辅助翻译软件的优缺点。

第五章　Wordfast 入门

　　Wordfast 是法国 Wordfast LLC 公司的一款计算机辅助翻译软件,公司创始人是伊夫·商博良(Yves Champollion),他具有 20 多年的语言服务行业工作经验,曾长期以自由译者的身份从事翻译工作,也具有多年翻译项目经理工作经验。正是这些工作经历,使他更了解翻译人员使用计算机辅助翻译(CAT)工具的实际需求。1999 年商博良成功开发了 Wordfast 翻译工具第一版,其以界面简洁、便于操作而受到翻译人员的欢迎。

　　本章将先简要介绍 Wordfast 软件特点、类型和组件,然后以 Wordfast Pro 3.1.5 为例,介绍 Wordfast Pro 的安装与设置,以及使用 Wordfast Pro 翻译文件的操作,最后介绍 Wordfast Pro 在翻译项目管理中的基本功能。

一、软件简介

1.版本类型

　　Wordfast 是一款功能实用、使用简便的计算机辅助翻译软件,它具有支持跨平台、多文件格式、集成翻译、质量保证与项目管理的特征。用户可以在协作式翻译环境中快速有效地访问翻译记忆库(TM)文件和术语文件。Wordfast 访问的翻译记忆库可以是本地文件,也可以是翻译记忆服务器上的文件。

　　根据软件的功能与运行特征,Wordfast 分为 4 种版本:经典版(Classic)、专业版(Pro)、服务器版(Server)和网络版(Anywhere)。Wordfast 经典版基于 Microsoft Word 软件,在 Word 中翻译文件,用户只要在官网注册即可免费下载使用。专业版是以独立软件窗口的方式运行。服务器版是在局域网上安装 Wordfast 软件,项目文件、翻译记忆库和术语等文件存放在服务器上,在客户端运行的 Wordfast 软件可以访问服务器上的文件。网络版是将项目文件、翻译记忆库和术语等文件存放在互联网的服务器上,客户端软件连接互联网即可访问服务器上的文件。

2.功能特征

　　Wordfast 为译员提供了直观的、协作式翻译环境,帮助译者交付高质量的译文,保持高度一致性和高效率。Wordfast Pro 3 的主要功能特点如下:

　　(1)跨平台兼容性:Wordfast pro 是市场上唯一一款可在 Windows Mac 和 Linux 上本机运行的主要商业 TM 工具。

　　(2)翻译记忆库兼容性:Wordfast 的翻译记忆库是制表符(Tab)分割的文本文件(TXT),可以支持翻译记忆交换(TMX)格式的添加,SDL Trados、SDLX 和 Déjà Vu 等计算机辅助翻译(CAT)的翻译记忆库可以通过导出为 TMX,添加到 Wordfast 的翻译记忆库中。

　　(3)文件格式的兼容性:Wordfast 自身的双语文件格式是 TXML(Tracker Extensible Markup Language),支持 DOC、DOCX、XLS、XLSX、PPT、PPTX、PDF、HTML、MIF、INX、JSP、RC、TMX 和 TTX 等文件的翻译。

（4）协作式翻译环境：用户可以访问翻译记忆服务器，实时共享翻译记忆资源。

（5）自动化编辑：多语言拼写检查和术语识别提高了编辑流程的速度和准确性。

（6）安全性管理：项目经理可以为个体译员或语言团队分配特定的访问权限。

（7）实时质量保证（Transcheck）：Wordfast Pro 的 Transcheck 功能可以核对翻译并在用户输入时提醒可能出现的拼写、语法、标点符号、数字、术语一致等错误。

二、组件、功能与翻译流程

1. 组件与功能

Wordfast 是计算机辅助翻译套件，以 Wordfast Pro 3.1.5 版本为例，包含 Wordfast Pro 和 Wordfast Aligner。

Wordfast Pro 的主要功能是提供集成式翻译环境，帮助用户完成翻译项目创建、设置、文件准备、翻译、编辑、质量检查、译文输出、翻译记忆库和术语文件管理等功能。关于 Wordfast Pro 的详细功能，将在本章第四节介绍。

Wordfast Aligner 是 Wordfast 的一个插件，可以将翻译过的文档转换成 Wordfast 的翻译记忆库文件，提高了使用其他翻译工具翻译的译文内容的重用率，支持 TXML、DOC、PPT 和 XLS 等文件格式的对齐。

使用 Wordfast Aligner 对齐功能，需要先创建项目文件（GLP 格式），选择源语言和目标语言，选择一个或多个需要对齐的源文档和目标文档。对齐是将源文档句段（Segments）与目标文档句段正确匹配的过程。完成对齐后，可以从当前项目文件中导出为 Wordfast 兼容的翻译记忆文件（TXT）。

2. 翻译流程

TXML Editor 是 Wordfast 翻译工作界面，使用它可以完成从源语言文件到目标语言文件的翻译工作。翻译的基本工作流程如图 5.1 所示，包括准备、翻译、保存/更新过程。

图 5.1　翻译的基本工作流程

准备工作包括创建或打开项目，创建或打开翻译记忆 TM，导入术语（Glossary）；翻译工作包括打开文件、翻译文件、重用 TM、重用术语；保存/更新工作包括保存文件、保存项目、添加 TM、添加术语，其中添加 TM 和术语是可选项。

三、安装与设置

1.安装

Wordfast Pro 的安装非常方便,安装过程自动化。以在 Windows 上安装 Wordfast 为例,安装步骤如下:

(1)从 Wordfast 网站(www.wordfast.com)下载安装程序,保存到本地。

(2)运行安装程序,根据屏幕安装向导的提示即可完成安装。

双击 Windows 桌面上的 Wordfast 图标,Wordfast 以演示(Demo)模式运行。菜单栏显示 6 项内容:File(文件)、Edit(编辑)、Translation Memory(翻译记忆库)、Terminolgy(术语)、Window(窗口)和 Help(帮助),如图 5.2 所示。

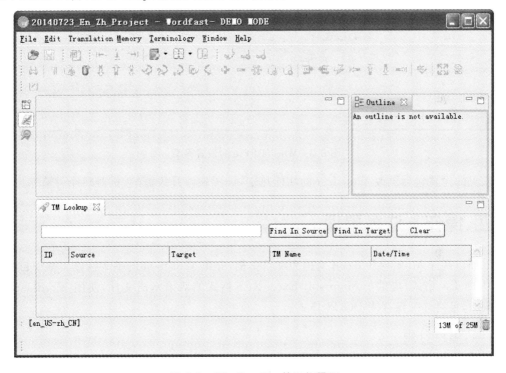

图 5.2　Wordfast Pro 的运行界面

说明:

• Wordfast Pro 3 在安装时,需要 Java JRE(Java 运行环境)。如果没有 Java JRE,安装过程中自动安装 JRE。

• Wordfast Pro 3 在演示模式下,软件的各种功能都可以用,但是翻译记忆库最多只能存储 500 个翻译单元。

• 可以访问 Wordfast 网站购买软件许可(License),激活软件。

2.设置

为了用户使用方便,Wordfast 提供了方便的用户设置,可以通过菜单栏[Edit]→

［Preferences］，打开"Preferences"对话框进行设置，如图 5.3 所示。

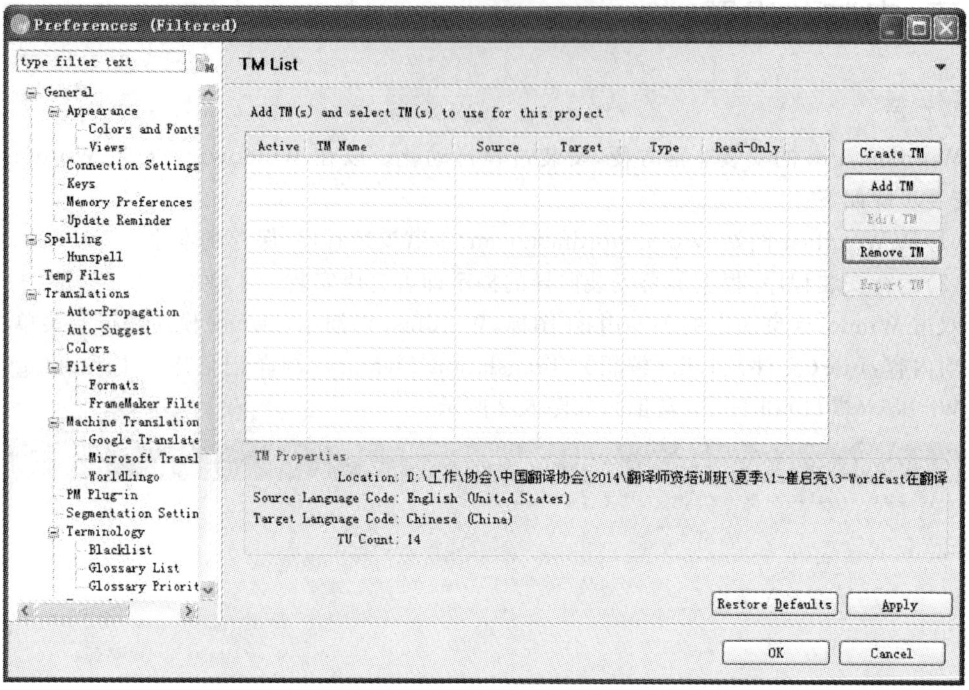

图 5.3　Wordfast Pro 的设置界面

常见的设置包括更改 Wordfast 的功能热键，设置软件升级提醒、机器翻译引擎等。

四、操作与注意事项

下面以翻译 Microsoft Word 文档为项目案例，介绍 Wordfast 的基本操作。本项目的源文件是 DOCX 格式，提供了 Microsoft Excel XLS 格式的双语术语文件，使用 Wordfast Pro 进行翻译，最终译文保存为 DOCX 格式。

（一）操作过程

在 Wordfast 软件中，完成 DOCX 文件的翻译将经过下面的几个操作步骤。

1.创建项目文件

选择［File］→［Create Project］。在"Create Project"对话框中，输入项目名称，选择源语言和目标语言名称，如图 5.4 所示，单击［OK］按钮。

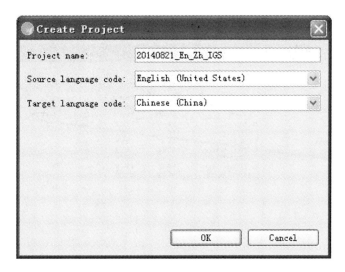

图 5.4　创建项目对话框

2.创建 TM 文件

如图 5.5 所示的"Open Project"对话框中,单击[Preferences],进行翻译记忆库 TM 和术语偏好设置。

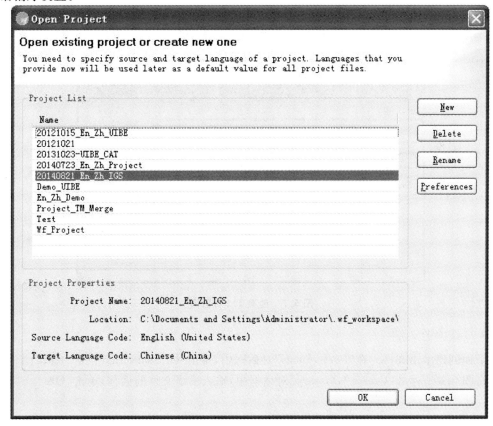

图 5.5　打开项目对话框

如图 5.6 所示的"Preferences"对话框中，单击[TM List]→[Create TM]。

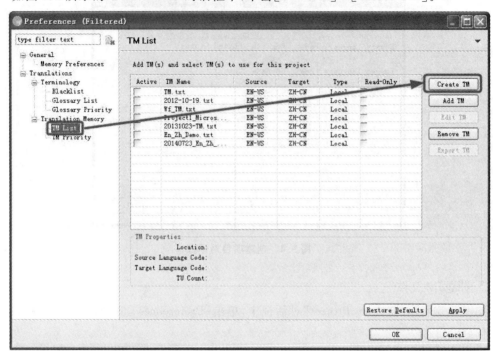

图 5.6　创建 TM 的操作步骤

如图 5.7 所示，选择创建的 TM 保存的位置，输入 TM 的名称，单击[OK]。

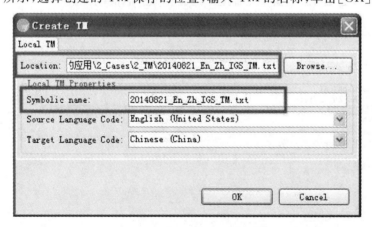

图 5.7　创建 TM 对话框

3. 创建术语文件

下面创建术语文件。在"Preferences"对话框中，单击[Glossary List]→[Create]。
在图 5.8 所示的"Create Glossary"对话框中，输入术语文件的名称，单击[OK]。

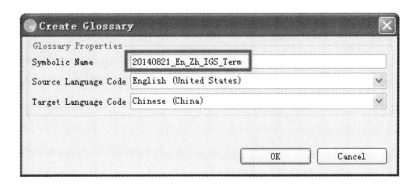

图5.8　创建术语文件对话框

4.导入术语文件

由于 Wordfast 不支持导入 Microsoft Excel XLS 格式的术语,因此,需要先将 XLS 文件在 Microsoft Excel 中打开,另存为"Unicode 文本(TXT)"文件格式。

下面从 TXT 文件中导入术语。如图5.9所示,选择[Glossary List],选中刚创建的术语文件,单击[Import]按钮。

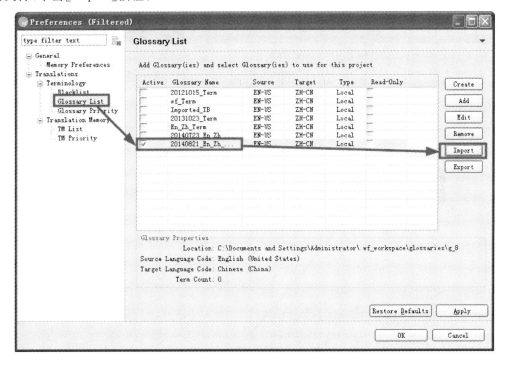

图5.9　导入术语的操作步骤

在"Import Glossary"对话框中,确保导入的术语文件类型为 Tab delimited,选择要导入的 TXT 文件。注意:如果术语文件中的第一条内容是术语的源语言和目标语言的名称,而不是真正的术语词条,需要选中复选框"Treat first row as headings",如图5.10所示。

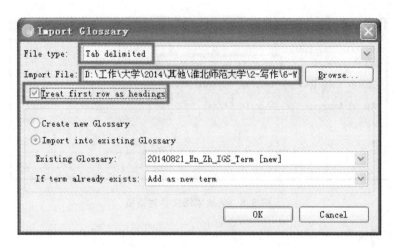

图 5.10　导入术语文件对话框

单击"Import Glossary"对话框的[OK]，导入术语文件后，回到"Preferences"对话框，单击[OK]以关闭对话框。

在如图 5.11 所示的"Open Project"对话框中，单击[OK]按钮。

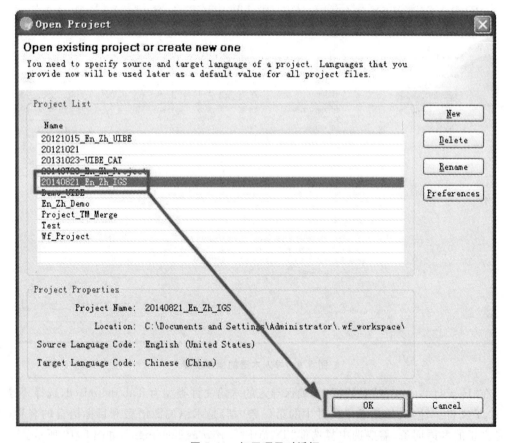

图 5.11　打开项目对话框

至此，完成了项目的创建、翻译记忆 TM 的创建、术语文件的创建与导入。

5.打开需要翻译的文件

下面打开需要翻译的文件,进行翻译操作。

单击[File]→[Open File],在打开文件对话框中,选择需要翻译的文件。打开文件后,Wordfast将文件分割成多个句段(Segments),如图5.12所示。

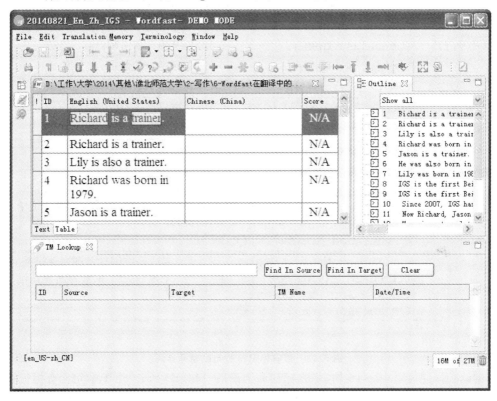

图5.12 Wordfast中文件翻译界面

6.执行翻译操作

在图5.12 ID为1的句段的源语言列中,出现黑色和灰色底纹,这是Wordfast自动识别出本句段含有术语,可以通过工具栏或菜单上的[Previous Term]或[Next Term]选择当前的术语,通过[Copy Term]将当前术语插入到目标语言列中。将鼠标指针移到目标语言列的适当位置,输入其他译文,检查无误后,单击[Commit current segment to TM],将本句段的译文存入TM。

第2句与第1句内容完全相同,因此,Wordfast自动从翻译记忆库寻找译文插入译文列,单击[Commit current segment to TM],将本句段的译文存入TM。

将鼠标指针移动到第3句的译文列,插入术语翻译该句,将译文存入TM。

以此类推继续翻译第4~9句,并将译文存入TM。

将光标移动到第9句的译文列。由于本句存在格式标记符{ut1},为了保持标记符的完整性,翻译前先通过[Copy Source]将源文句段复制到译文列,然后保留标记符不变,只需要翻译文本,如图5.13所示。

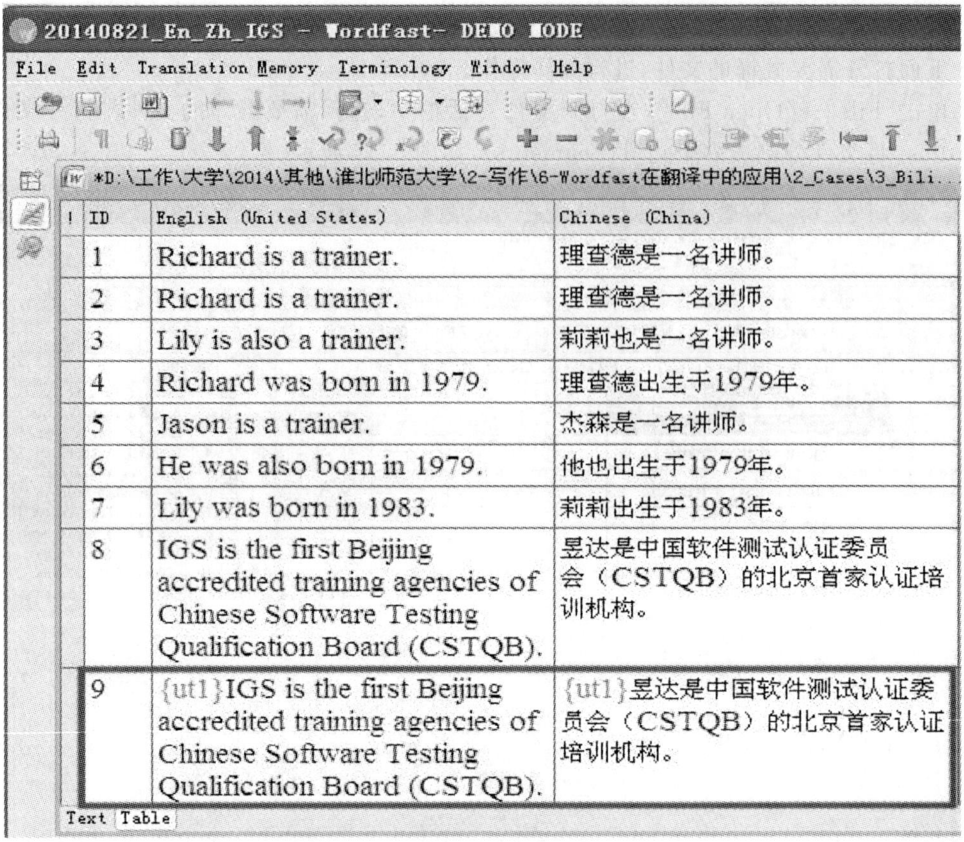

图 5.13　带有标记符的句段翻译界面

继续翻译完成第 10～16 句，将光标移动到最后一句（ID 17）。由于本句含有标记符，因此，先复制原文，保留标记，翻译其他文字，插入识别出的术语，如图 5.15 所示。

在翻译过程中，可以向设定的项目术语文件添加术语，例如在 ID 17 句段，选中原文中的 Belgium，单击工具栏的[Add Term]，在"Add to Glossary"对话框的 Target 文本框中输入"比利时"，如图 5.14 所示，单击[OK]，即完成了术语的添加。

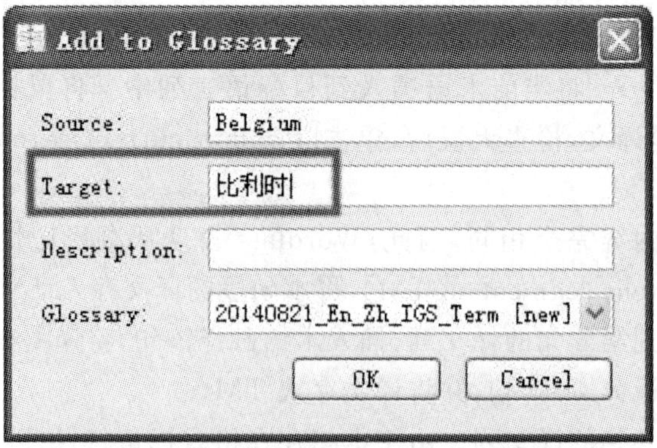

图 5.14　翻译过程中添加术语对话框

至此，已经完成了该文档的翻译工作，翻译后的内容如图 5.15 所示。

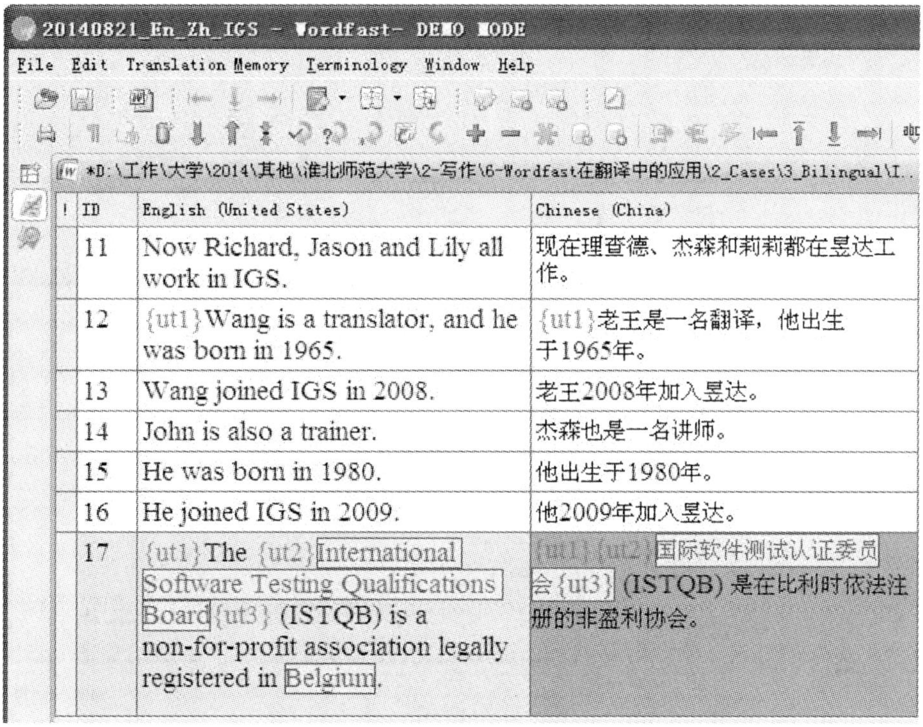

图 5.15　翻译后的文档内容

7.输出译文

选择［File］→［Save Translated File］,在保存译文对话框中,选择译文保存的文件夹,译文名称在源文件名称后添加了目标语言的名称(本例是 ZH-CN)。

(二)注意事项

以上介绍的是 Wordfast 翻译文件的基本操作步骤,需要注意以下问题:

· Wordfast 不能直接导入 XLS 或者 XLSX 格式的术语文件,可将 XLS、XLSX 文件转换成 Unicode 格式的文本(TXT)文件。

· Wordfast 不能直接打开图片格式的 PDF 文件,需要先通过光学字符识别 OCR 软件将 PDF 转换为 DOC、DOCX 或 RTF 文件后打开。

为了提高翻译效率和翻译质量,Wordfast 还提供了很多有用的功能,说明如下:

· 翻译过程中,可以选择单词、句子片段或整个句子,单击 TM Lookup 从翻译记忆库 TM 中检索译文或源文。

· 翻译过程中,可以选择［Terminology］→［Edit］对当前术语文件进行查询、添加、修改、导出、导入等操作。

· 翻译过程中,如果有问题或者建议,可以单击［Add Note］添加注释文字。

· 翻译完成后,或者翻译过程中,可以通过"Preferences"对话框,选择翻译记忆 TM,单击［Export TM］,将 TM 导出为 TMX 格式或 Wordfast 的 TXT 格式。

· 翻译完成后,或者翻译过程中,可以在 Wordfast 的"PM"视图中,设置 Transcheck 标签的检查项,添加需要检查的 TXML 文件,单击［Check］,如图 5.16 所示。

图 5.16　译文质量检查设置对话框

• Wordfast 软件具有项目管理功能，可以在"PM"视窗中实现，例如项目分析（文件字数统计，匹配率信息等），TXML 文件的拆分/合并，译文质量格式和一致性检查，将 TXML 文件导出为修订状态的 RTF 文件进行审校，并将审校后的文件导入项目，这些功能在项目管理中比较常用。

五、总结

本章简要介绍了 Wordfast 的类型和特点，以翻译 Word 文档为例，介绍了使用 Wordfast 的翻译功能操作。

Wordfast 是一款支持跨平台、多语言和多格式的计算机辅助翻译软件，具有易于安装、易于学习、功能实用和性价比高的特点。Wordfast Pro 比较适合小型语言服务公司、翻译团队和自由译者使用。

练习题

1.试从功能、易用性、价格方面比较 Wordfast 与 SDL Trados 的优缺点。

2.画出使用 Wordfast 翻译文档的流程图，并解释流程中的工作内容。

3.使用 Wordfast Pro 翻译一篇文档，提交译文和 TMX 格式的翻译记忆文件。

第六章　SDL Trados Studio 入门[①]

Trados 名称取自 3 个英文单词:translation, documentation 和 software。中文译作"塔多思",是德国 Trados 公司的一款计算机辅助翻译软件。2005 年 6 月被英国 SDL 公司收购后,Trados 不但更名为 SDL Trados,还同时推出同名系列产品并改进了软件界面。SDL Trados 以较高的市场占有率成为计算机辅助翻译行业的主要软件之一,是全球最广为使用的 CAT 软件。鉴于此,SDL Trados Studio 系列享有较高的市场占有率,目前,全球已有300 多所高等院校把 SDL 考试认证纳入教学体系。SDL Trados 系列先后推出了多个版本:SDL Trados Studio 2006、2007、2009、2011、2014、2015、2017 和 2019。

SDL Trados Studio 系列将翻译编辑器、项目管理、翻译记忆库管理、术语识别与提示和分析报告等工具整合在一个平台下,为译员、译校和翻译项目管理人员提供相应的便捷高效服务。

在本章中,我们将以 SDL Trados Studio 2019 为例,深入浅出地对其主要功能和基本操作逐一进行介绍。

一、SDL Trados Studio 2019 下载与安装

(一)SDL Trados Studio 2019 下载

初次使用 SDL Trados Studio 软件的用户可以直接从其官网下载最新版的软件安装程序,新用户享有 30 天的免费使用期,如图 6.1 所示。

图 6.1　Trados 软件安装程序下载页面

[①]　本章参阅了 SDL Trados Studio 网站及其产品说明书部分内容。

（二）SDL Trados Studio 2019 安装

1.安装环境检查

硬件要求：最小 4GB(32-bit)或 8GB(64-bit)内存，屏幕分辨率为 1280×1024 的计算机；

软件要求：Microsoft Windows 8.1 和 Windows 10；

系统推荐：Windows 10(64-bit)。

2.安装软件

保持电脑与互联网连接，关闭其他正在运行的软件。前往 SDL 中国官网下载最新版本 SDL Trados Studio 2019。

(1)双击安装程序，进入 SDL Trados Studio 2019 安装界面。

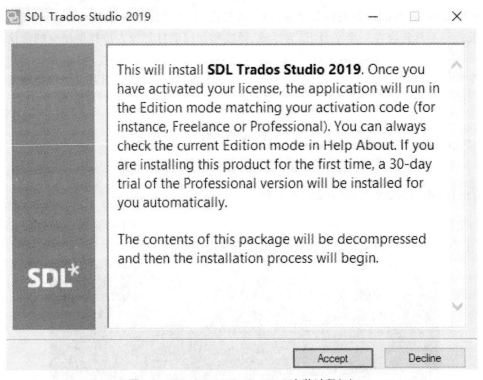

图 6.2 SDL Trados Studio 2019 安装过程(1)

(2)点击[Accept]后，安装包会自动解压，然后安装在路径 C:\ProgramData\Package Cache\SDL\中，如图 6.3 所示。

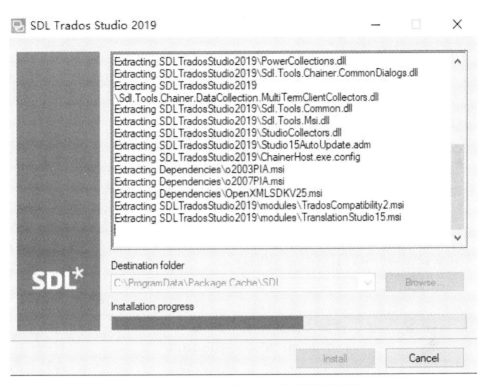

图 6.3　**SDL Trados Studio 2019** 安装过程(2)

(3)解压完成后,弹出 SDL Trados Studio 2019 授权许可协议,点击复选框"I accept the terms of the license agreement",表示同意,如图 6.4 所示。

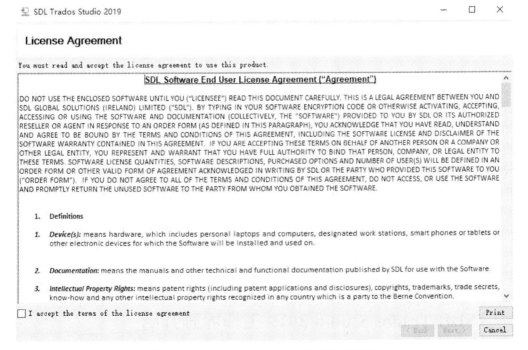

图 6.4　**SDL Trados Studio 2019** 安装过程(3)

（4）接下来点击［Next］继续，如图 6.5 所示。

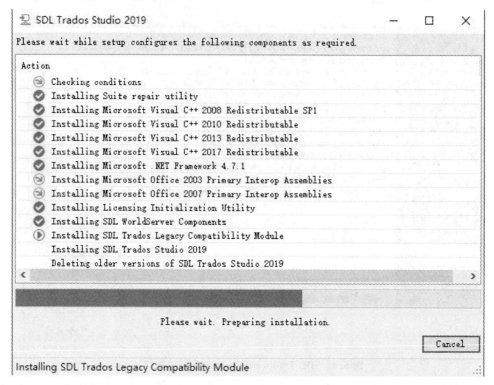

图 6.5　SDL Trados Studio 2019 安装过程（4）

（5）程序会自动安装，直至完成。安装结束后，会出现"安装完成"界面，如图 6.6 所示。

图 6.6　SDL Trados Studio 2019 安装过程（5）

安装成功后，桌面上会出现一个蓝色图标。接下来需要使用激活码或输入许可证激活。激活成功后，便可正常使用 SDL Trados Studio 2019。如果没有购买该软件使用许可证，试用版只有 30 天的有效期。

由于杀毒软件有可能会影响 Trados 正常工作，因此有必要在杀毒软件设置中做相应调整。将 Trados 主程序（SDL Trados Studio）添加到杀毒软件［杀毒排除的进程（Excluded processes）］列表中，以免杀毒软件影响 Trados 正常工作。

二、SDL Trados Studio 2019 工作界面介绍

双击 SDL Trados Studio 2019 的图标启动程序后，会显示信息设置界面，需要输入用户邮箱，

然后点击［下一步］，出现软件配置界面。用户配置文件是与用户使用习惯相关的设置信息。

我们来设置 SDL Trados Studio

图 6.7　SDL Trados Studio 2019 设置界面

接下来选择默认，即 Trados 2019 的优化设置，点击［下一步］。保留默认"在初次启动时载入样本"选项，然后点击［完成］，即可进入 Trados 的工作界面。

1.主界面图

①区是第一行为菜单栏和工具栏。

②区是导航栏。导航栏显示内容随④区导航按钮的改变而改变。

③区是工作界面，该界面随④区导航按钮的改变而显示不同的视图界面。

④区是导航按钮栏，这些按钮是界面切换的开关。④区每一个按钮对应着一个工作界面，例如［欢迎］按钮对应着主界面图。

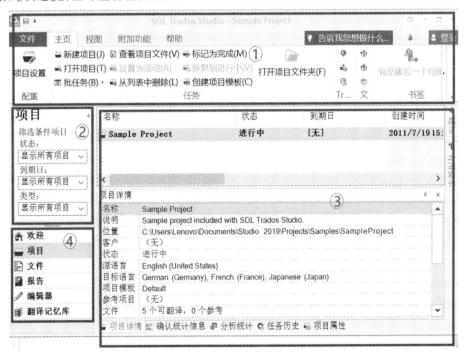

图 6.8　SDL Trados Studio 2019 主界面图

2.项目视图

点击④区[项目]，进入项目视图界面，在此可查阅和处理项目。用户可选择一个项目查看其详细信息，并跟踪项目进度和文件状态。不论单任务翻译，还是多任务翻译，运行Trados 2019时都须首先建立一个新翻译项目，翻译项目包含原文、译文、参考文件、记忆库及术语库等与翻译任务相关的所有文件。项目视图分为上下两个部分，上部分显示项目的名称、状态、到期日、创建时间、类型、位置等；下部分的底部项目详情有4个按钮，依次是[项目详情][确认统计信息][分析统计][任务历史]和[项目属性]。点击[项目详情]，显示项目名称、源语言和目标语言。

图 6.9   SDL Trados Studio 2019 项目视图

3.文件视图

如图 6.10 所示，②区导航栏显示该项目所设置的语言，包括源语言和目标语言。选择特定语言后，右侧工作区域就会显示与该语言相对应的文件。既可以打开文件进行翻译，也可以打开文件进行检查，或批处理文件。此外，还可以核查这些文件的字数和翻译进度。如果要翻译某个文件，双击该文件即可，或单击右键，点击[打开并翻译]。此时④区切换到了编辑器，右侧的工作区则进入编辑器工作界面。

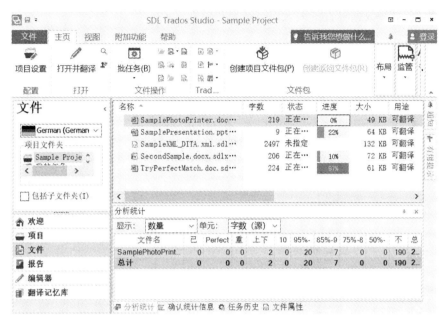

图 6.10　SDL Trados Studio 2019 文件视图

4.编辑器视图

编辑器视图是译者的主要工作界面。可以在此页面上翻译、检查、保存文档、查阅翻译记忆库和术语库的内容。要退出编辑器视图回到文件界面,可在④区单击[文件]。

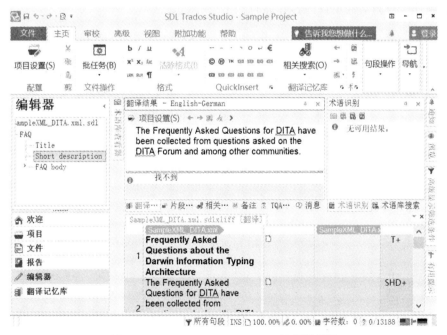

图 6.11　SDL Trados Studio 2019 编辑器视图

5.报告视图

显示与翻译项目相关的所有统计信息,可以在此查看项目报告。"报告"提供了详细的翻译分析数据,这些数据将直接汇入项目计划和预算流程。

图 6.12　SDL Trados Studio 2019 报告视图

项目视图包含文件、报告、编辑器 3 个子视图。项目视图发生变化,这 3 个视图显示的内容也会随之发生相应变化。如果某个项目被激活,文件、报告、编辑器这 3 个视图显示的内容都是与这个被激活的项目内容有关的。

6. 翻译记忆库视图

该视图提供创建、管理记忆库的功能,例如搜索、编辑(修改、替换、删除)记忆库等。

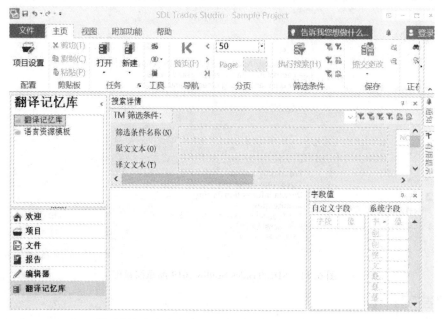

图 6.13　SDL Trados Studio 2019 翻译记忆库视图

三、创建翻译项目

SDL Trados Studio 2019 创建翻译项目比较简便。既可以在文件夹中直接创建翻译项目，也可以将文件选中后拖到 Trados 中自动生成，如图 6.14、6.15 和 6.16 所示。

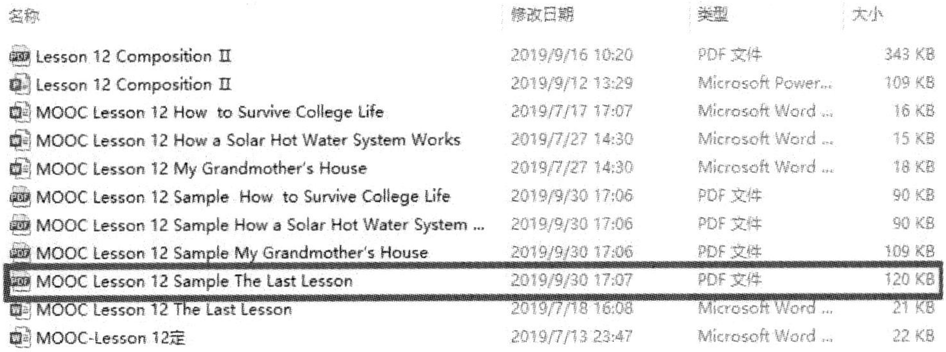

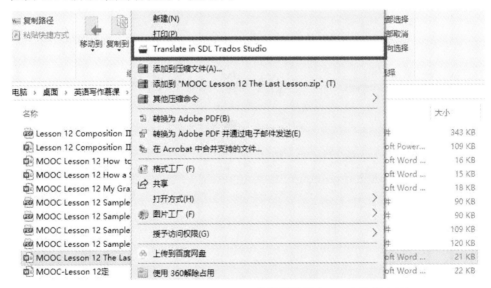

图 6.14　SDL Trados Studio 2019 翻译项目创建——直接创建(1)

如图 6.14 所示，点击右键选中该文件。

图 6.15　SDL Trados Studio 2019 翻译项目创建——直接创建(2)

在弹出的对话框中，点击[Translate in SDL Trados Studio]，即可弹出新建项目页面，如图 6.15 所示。

图 6.16　SDL Trados Studio 2019 翻译项目创建——拖拽创建

如图 6.16 所示，也可以将该文件直接选中后拖到 Trados 主界面中自动生成新翻译项目。

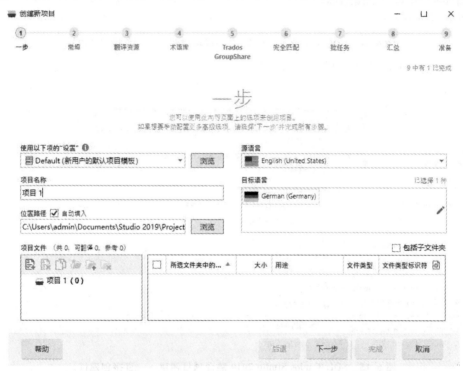

图 6.17　SDL Trados Studio 2019 翻译项目创建——基本设置(1)

如图 6.17 所示，用户既可以选择已经定义好的项目模板，也可以自定义新建模板。此处使用默认的项目模板（即 Default）。

图 6.18 SDL Trados Studio 2019 翻译项目创建——基本设置(2)

如图 6.18 所示,用户可以为该项目命名,指定项目存储路径,在项目文件处选择打开待翻译任务,然后设置源语言和目标语言,接下来点击[下一步]。

图 6.19 SDL Trados Studio 2019 翻译项目创建——常规设置

如图 6.19 所示,可以填写项目说明。如果勾选"允许编辑原文",则可以在翻译过程中,对原文进行编辑,以便用户修改原文的一些小错误,确保翻译记忆库的质量,接下来点击［下一步］。

图 6.20 SDL Trados Studio 2019 翻译项目创建——翻译资源设置

如图 6.20 所示，用户可以添加翻译记忆库，以便翻译过程中句段匹配。单击［使用］在弹出下拉菜单中选择"文件翻译记忆库"，接下来选择本地文件类翻译记忆库。然后单击［下一步］进入"术语库"界面。

图 6.21 SDL Trados Studio 2019 翻译项目创建——术语库设置

如图 6.21 所示,用户在此界面可添加新建翻译项目中使用的"术语库"。翻译过程中,Trados 可自动识别、比对、提取相应术语,提示译文翻译。单击[下一步]进入"Trados GroupShare"界面,如图 6.22 所示。

图 6.22　SDL Trados Studio 2019 翻译项目创建——Trados GroupShare

"Trados GroupShare"是设置在线编辑、译员和审校人员等信息的界面。设置完成后单击[下一步]进入"完全匹配"界面,如图 6.23 所示。

图 6.23　SDL Trados Studio 2019 翻译项目创建——完全匹配

在"完全匹配"界面中，用户可添加翻译项目文件之前版本的双语对齐文件，对于新项目，可跳过此环节直接单击[下一步]进入下一界面"批任务"，如图6.24所示。

图6.24　SDL Trados Studio 2019 翻译项目创建——批任务

用户可对先前列出的批任务做相应调整，如预翻译文件最低匹配率、分析匹配段等。单击[下一步]后，出现"汇总"界面，如图6.25所示。

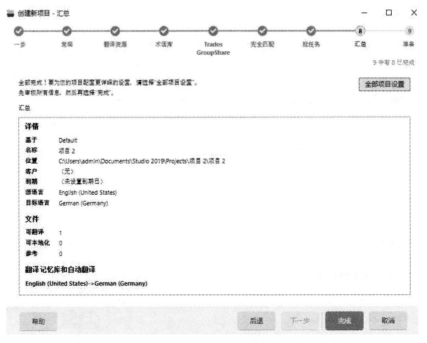

图6.25　SDL Trados Studio 2019 翻译项目创建——汇总

　　该界面对之前的操作做了简要的汇总,并提示源文件、翻译记忆库、术语库等存储路径信息。单击[完成],进入"准备"界面,如图 6.26 所示。

图 6.26　SDL Trados Studio 2019 翻译项目创建——准备

单击[关闭],一个新的翻译项目创建完成。用户接下来可在 Trados 中进行翻译了。

四、翻译文档

　　翻译项目建立后,用户便可应用 Trados 开始翻译。SDL Trados Studio 2019 会在翻译过程中结合翻译记忆库、术语库、QA 检查等一系列辅助工具,帮助用户提升翻译速度和质量。

　　1.翻译文件分析

　　在翻译之前,用户有必要查看"分析报告",对整体工作量做宏观把控。单击 Trados 左下侧的[项目],工作区域上部分出现之前新建的翻译项目。双击该翻译项目后再单击左下侧[报告],②区弹出分析文件"报告"部分数据,如图 6.27 所示。

图 6.27　SDL Trados Studio 2019 分析文件报告

用户可从分析报告中看到 Trados 执行项目文件分析的结果数据，如图 6.28 所示。

类型	句段	字数	字符数	百分比	已识别标记	AdaptiveMT	标记影响
PerfectMatch	0	0	0	0.00%	0		0
上下文匹配	0	0	0	0.00%	0		0
重复	40	269	1287	8.53%	31		5
100%	0	0	0	0.00%	0		0
95% - 99%	0	0	0	0.00%	0		0
85% - 94%	0	0	0	0.00%	0		0
75% - 84%	0	0	0	0.00%	0		0
50% - 74%	0	0	0	0.00%	0		0
新建/AT	200	2886	15136	91.47%	127		29
AdaptiveMT 基准							
含学习的 AdaptiveMT							
总计	240	3155	16423	100%	158	NaN%	34

图 6.28　SDL Trados Studio 2019 分析文件报告

该报告中详细列出了相关项目文件的总字数、与翻译记忆库匹配的信息、重复句子总字数和待翻译的新句总字数等数据。用户可据此做好项目翻译规划与统筹。

2.翻译记忆库

用户可单击 Trados 左下侧的［项目］，工作区域上部分出现之前新建的翻译项目。右键单击该新建项目，在弹出的下拉菜单中点击［项目设置］，弹出 Trados 生成的项目 TM，如图 6.29 所示。

图 6.29　SDL Trados Studio 2019 项目翻译记忆库

3.句段翻译状态

用户在系统了解 Trados 新建项目的主要特征和操作后,可点击主界面左下侧［文件］,查看翻译项目文件,如图 6.30 所示。

图 6.30　SDL Trados Studio 2019 翻译项目文件

待翻译文件及其经过翻译记忆库匹配后完成的进度呈现在界面上。双击第一个待翻译文件,Trados 会自动打开"编辑器"页面。该待翻译文件会依据 Trados 默认的断句规则拆分成若干句段,按顺序编号呈现在翻译工作区下部分,并在右侧对齐留出译文位置,以便用户开展翻译工作。已翻译部分是预翻译处理阶段完成的。

待翻译的句段,进度条会以白纸状图标显示。用户在右侧翻译栏键入译文时,白纸状标志会切换成铅笔状图标。该句段翻译完成后,按"Ctrl＋Enter"确认该句段翻译,Trados 会自动将翻译更新至翻译记忆库中。然后可以进行下一句段翻译,如图 6.31 所示。

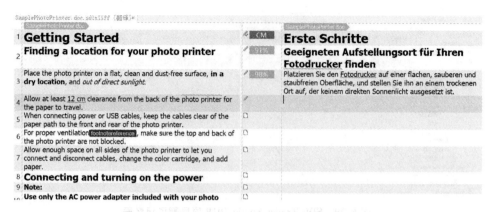

图 6.31　SDL Trados Studio 2019 编辑器翻译状态

4.句段翻译记忆库匹配和术语库比对

翻译记忆库与术语识别窗口分别在 SDL Trados Studio 软件的上方中间与右边，如图 6.32 所示。

图 6.32　SDL Trados Studio 2019 翻译记忆库匹配和术语识别界面

图 6.32 左侧为翻译记忆库匹配界面，显示的是翻译记忆库的内容。由于此处的记忆库是一个空库，所以未显示内容。随着翻译过程的推进，每一个译文句段的提交，就会向翻译记忆库中添加新的记录。

图中右侧为术语识别界面，显示的是术语库的信息。此处的术语库由于是一个空库，所以未显示内容。在翻译过程中，可把原文句段和译文句段中的词语作为术语追加到术语库中。

当单击某句段时，这两个窗口会出现相应的匹配数据信息。如图 6.33 所示，单击待翻译句段，界面右侧会自动显示译文，译文匹配率随之显示，用户可根据匹配率做相应修改。

图 6.33　SDL Trados Studio 2019 翻译记忆库匹配结果展示

用户在翻译某些句段时，单击右侧译文栏，原文某些术语上方会显示红色线条标记，说明这些术语在术语库中有相应的匹配,如图 6.34 所示。

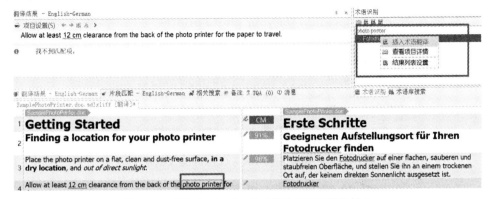

图 6.34　SDL Trados Studio 2019 术语识别与插入

5.句段拆分与合并

　　用户在翻译过程中,可根据实际情况对相邻的句段进行合并,也可对较长句段进行拆分,然后再翻译。

图 6.35　SDL Trados Studio 2019 相邻句段合并(1)

　　如图 6.35 所示,用户按住"Shift"键,单击需要合并的句段序号,高亮后右键弹出下拉菜单,然后选择[合并句段]。也可以通过快捷键"Ctrl＋Alt＋S"将所选句段合并,如图 6.36所示。

图 6.36　SDL Trados Studio 2019 相邻句段合并(2)

　　用户在 Trados 使用过程中,有时需要将某一较长句段拆分。这时需要将光标移至需要拆分的句段,然后单击右键弹出下拉菜单,选择[分割句段],如图 6.37 所示。

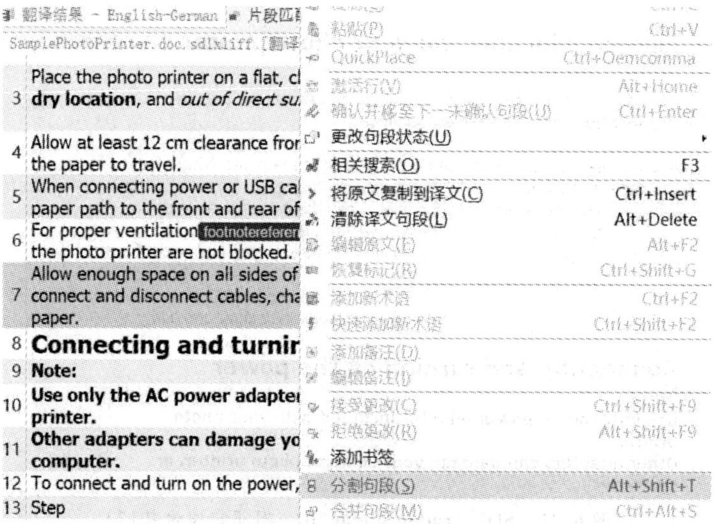

图 6.37　SDL Trados Studio 2019 句段分割(1)

　　句段分割后,原句段被分为上下两个句段,序列号也发生相应变化,如图 6.38 所示。

图 6.38　SDL Trados Studio 2019 句段分割(2)

五、翻译验证

SDL Trados Studio 2019 的翻译验证服务,可协助用户查找标点符号、数字、日期时间、术语等方面的错误。具体来说,用户可以以此来检查译文是否存在误译和不一致等情况。验证的内容主要包括标记验证、质量保证检查及术语验证。标记验证会将目标文本的标记内容和源文本的标记内容进行比较,并标记所做的更改。若标记的语法完整,且译文可以转换回原来的格式,则可以接受目标文本中的更改。

接下来简要介绍翻译验证工具 QA Check 3.0。单击 Trados 主界面左下角[项目],接下来在工作区域上部分选中项目文件,然后单击右键,在下拉菜单中选择[项目设置],如图6.39所示。

图 6.39　QA Check 3.0(1)

用户单击[项目设置],弹出图 6.40 界面。

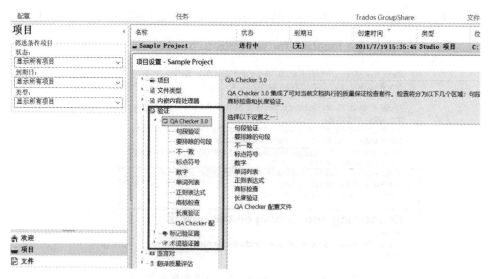

图 6.40　QA Check 3.0(2)

如图 6.40 所示，QA Check 3.0 提供句段验证、要排除的句段、不一致、标点符号、数字、单词列表、正则表达式、商标检查、长度验证和 QA Checker 配置文件等设置。这可以在一定程度上助力用户提高翻译工作效率。

SDL Trados Studio 2019 提供的翻译验证功能还有标记验证，如图 6.41 所示。标记验证是指译文通常需要将原文出现的标记插入合适的位置，而且要保持与原文标签一致。

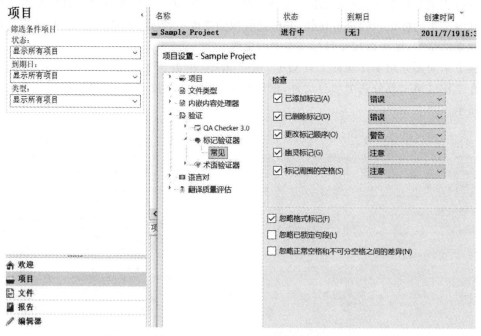

图 6.41　SDL Trados Studio 2019 翻译验证(标记验证)

除 QA Check 3.0 和标记验证功能外，SDL Trados Studio 2019 还提供术语验证服务。该功能可协助用户检查译文术语是否使用了术语标准库中的标准翻译，如图 6.42"检查可能未使用译文术语"标记所示。

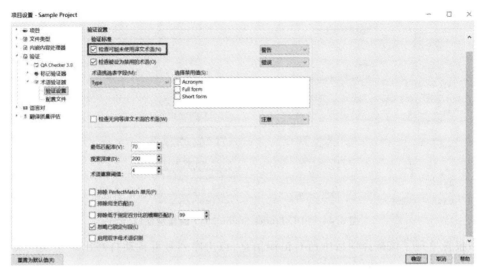

图 6.42　SDL Trados Studio 2019 翻译验证(术语验证)

简要了解 SDL Trados Studio 2019 的翻译验证功能后,用户可依据实际需要勾选需要验证的项目。对一个翻译项目的所有文件开展批量验证,用户可以右键点击所选翻译项目,在弹出的下拉菜单中单击[批任务],然后点击弹出菜单中的[验证文件],如图 6.43 所示。

图 6.43　SDL Trados Studio 2019 翻译验证(1)

接下来 SDL Trados Studio 2019 开始执行验证工作,验证结束后,用户可单击[报告],然后再单击上方[验证文件],即可在工作区域显示验证内容。

图 6.44　SDL Trados Studio 2019 翻译验证（2）

该报告呈现了该翻译项目中所有错误信息，点击序列号可自动打开出现错误的文件，并直接定位误译位置，以便用户查阅修改。

六、翻译审校与定稿

译文经过翻译验证后，通常还要经过质量评审。SDL Trados Studio 2019 翻译质量评估（TAQ）基于国际翻译标准和翻译项目自定义标准，并将标准里涉及的错误类型进行初始化设置，参照严重程度给予不同的罚分。用户在审校时若发现翻译质量问题，可及时添加错误类型，定义其错误程度。待审校结束后，翻译质量评审工具（TAQ）会产生报告，统计审校记录的错误数据，汇总最终的翻译质量评审数据。

用户单击左下侧［文件］后，在工作区域上部分选择需要审校的翻译项目，然后单击右键弹出下拉菜单，选择［打开并审校］，如图 6.45 所示。

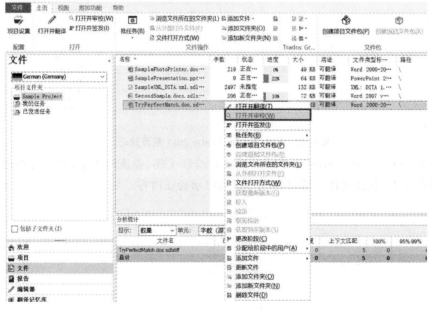

图 6.45　SDL Trados Studio 2019 翻译审校（1）

点击[打开并审校]后,用户可在工作区域开展翻译审校,如图 6.46 所示。

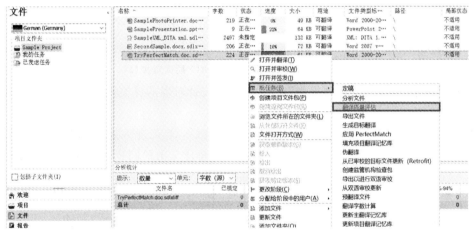

图 6.46 SDL Trados Studio 2019 翻译审校(2)

用户在审校时,可添加错误类型,并定义其错误程度,审校结束后,TAQ 会统计审校记录的数据,汇总翻译质量评审数据并生成报告,如图 6.47、图 6.48、图 6.49 所示。

图 6.47 SDL Trados Studio 2019 翻译审校(3)

图 6.48 SDL Trados Studio 2019 翻译审校(4)

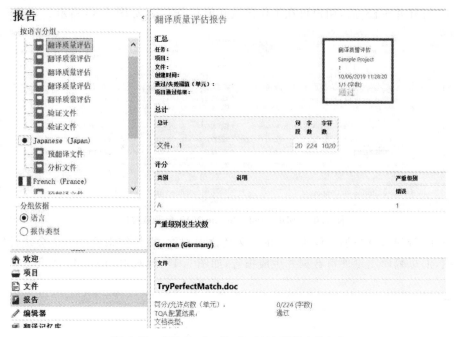

图 6.49　SDL Trados Studio 2019 翻译审校(5)

用户可基于"翻译质量评估报告"，进一步开展有针对性的译文翻译质量检查与分析，为译文定稿做铺垫。

经过翻译项目新建、翻译、审校等一系列环节后，译文进入定稿阶段。SDL Trados Studio 2019 在定稿时会生成翻译项目所有译文，并将译文定稿同步更新至主翻译记忆库。

图 6.50　SDL Trados Studio 2019 生成译文定稿(1)

如图 6.50 所示，单击主界面左下侧［文件］，然后在工作区域上部分选择翻译项目，右键单击选中的翻译项目后在弹出的下拉菜单中点击［批任务］，接下来在下拉菜单中选择［定稿］，弹出批任务界面。

图 6.51 SDL Trados Studio 2019 生成译文定稿(2)

如图 6.51 所示,SDL Trados Studio 2019 在定稿生成过程中,会将定稿同时更新至主翻译记忆库。点击[下一步],弹出图 6.52 界面。

图 6.52 SDL Trados Studio 2019 生成译文定稿(3)

如图 6.52 所示，主翻译记忆库的更新需要注意"如果目标句段不同""句段状态"两个主维度，用户需结合实际情况来自定义勾选，然后点击［完成］。

图 6.53　SDL Trados Studio 2019 生成译文定稿(4)

如图 6.53 所示，译文定稿生成的同时，主翻译记忆库更新完成。点击［关闭］后，用户可在 SDL Trados Studio 2019 主界面导航栏点击［浏览文件所在的文件夹］，弹出图 6.54界面。

Projects › Samples › SampleProject › de-DE		∨ ↻	搜索"de-DE"
名称	修改日期	类型	
SamplePhotoPrinter.doc	2018/7/20 11:58	SDL XLIFF Document	
SamplePresentation.pptx	2018/7/20 11:58	SDL XLIFF Document	
SampleXML_DITA.xml	2018/7/20 11:58	SDL XLIFF Document	
SecondSample.docx	2018/7/20 11:58	SDL XLIFF Document	
TryPerfectMatch	2019/10/6 16:29	Microsoft Word 97 ...	
TryPerfectMatch.doc	2019/10/6 16:29	SDL XLIFF Document	

图 6.54　SDL Trados Studio 2019 生成译文定稿(5)

如图 6.54 所示，定稿生成的文件为 Word 文件，其文件名与 Trados 翻译处理过程文件（SDL XLIFF）的文件名相同，译文定稿与翻译过程文件在同一文件夹中，所选 Word 文件即是 SDL Trados Studio 2019 生成的译文定稿。用户可打开译文，审阅其内容和格式是否符合相关要求。

练习题

1. 在自己的电脑上练习安装 SDL Trados Studio 2019 试用版。

2. 熟悉 SDL Trados Studio 2019 界面。

3. 在自己的电脑上（或在学校上机）练习新建一个翻译项目。

4. 简要评述 QA Checker 3.0 的功能和效果。

5. 练习运用 SDL Trados Studio 2019 将自己所在学校网站的中文简介翻译成英文，体验翻译记忆库在翻译过程中的作用和效果。

6. 结合题 5 中 SDL Trados Studio 2019 的体验经历，简要评述术语库的功能与效果。

第七章　MultiTerm 入门

术语是对特定专业领域中一般概念的词语指称。换言之,术语首先是一种词语(包括词和短语),但是又不同于一般的词语。区别之处在于术语是在特定的专业领域中使用。术语用来正确标记生产技术、科学、艺术、社会生活等,各个专门领域中的事物、现象、特性、关系和过程。术语具有专业性、科学性、单义性、系统性、稳定性以及合乎语言习惯的特点。术语在全球化产品的文档写作、内容管理、翻译和出版的全部生命周期中具有重要的作用,保证将产品的功能和特征信息准确传递给读者。术语翻译准确,可以提高译文的质量和可用性,满足精准沟通的要求,而且重复利用术语库中信息单元可以大大降低翻译的成本和难度。

SDL MultiTerm 是 SDL 公司管理术语的软件,它包含术语管理的多个组件,为译者创建、查询和维护术语库提供了便利。SDL MultiTerm 工作流程中涉及诸多不同格式的文件,各种格式的文件在工作流程中的关系如下图所示:

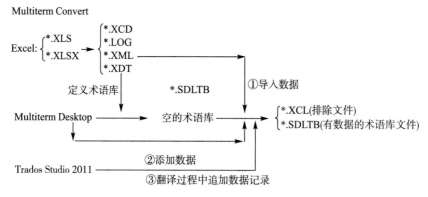

图 7.1　术语库的制作和应用流程

一、术语库的基本构成

术语库也是一种数据库,在运用 MultiTerm 软件之前,有必要了解一些数据库的基本概念,这样有助于译者通晓一些基本的设置。所谓数据库,就是数据的集合。但如果把大量的数据集中"堆放"到这个"仓库"中是没有任何意义的。还应该有一种机制能够让用户对其进行维护、查询和使用。正如进入仓库的物品需要分门别类,即按特性贴上标签进行存放,数据库的数据存储也不例外。最常见的数据结构模型是关系型,以关系数据模型为基础构建的数据库就是关系数据库。关系数据库以一个二维表的形式(即关系)来组织并存储数据。关系数据库的基本结构如下:

1.表

表用于存储数据,它以行、列方式组织。表中的一行称为一个记录,每一列称为一个"字段"。

2.记录

记录是指表中的一行,在一般情况下,记录和行的意思是相同的。表中的每一行术语就是一条记录。

3.字段

字段是表中的一列。在一般情况下,字段和列所指的内容是相同的。(如图7.24中,en_US一列就是一个字段。)

4.索引

当表中有大量记录时,有两种查询信息的方式:第一种方式是进行全表(所有列)搜索,将所有记录一一调出,和查询条件进行一一对比,然后找出满足条件的记录,这样做会消耗大量的系统时间;第二种就是预先在表中建立索引,索引建立的基础是表中的一个或多个字段,索引可以是唯一的,也可以是多个的。索引是对数据库表中一列或多列的数据值进行排序的一种结构。检索时先在索引中,即某一列或几个特定列的数据中,找到符合查询条件的索引值,然后再快速找到表中对应的记录。因此,在创建索引的时候,应该仔细考虑将来翻译时需要在哪些列上进行检索,在需要检索的列上创建索引,在其他的列上就不用创建索引,这样可以加快搜索的速度。关系数据库基本结构中的各个概念在下面创建术语库时会涉及。

二、创建简单的术语库

(1)双击桌面的MultiTerm的图标,启动软件。在工具栏中,点击[术语库]项,选择[创建术语库]。

图7.2　创建术语库

(2)给新创建的术语库起一个名称,并设置保存路径。术语库文件的扩展名是"＊.sdltb"。

图 7.3　保存新术语库界面

在完成这一步后，此时若打开保存术语库的目录，还是一个空文件夹，里面没有文件。

（3）进入术语库创建向导，点击［下一步］。

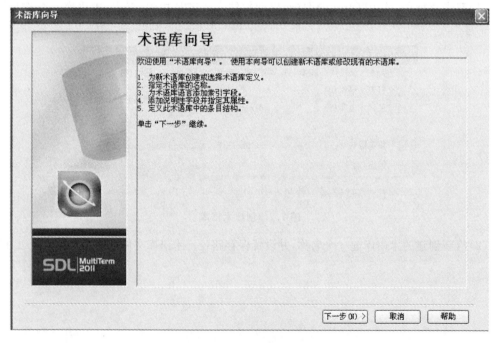

图 7.4　术语库向导界面

(4)选择"重新创建新术语库定义"。

图 7.5　术语库定义界面

(5)输入"用户友好名称","用户友好名称"是术语库在 MultiTerm 打开后将会在软件界面中显示的名称。名称最好与术语库的文件名保持一致或相关,这样便于识记。"说明(可选)"下面的框中可以写明该术语库的来源或用途。

图 7.6　术语库名称界面

(6)选择索引字段。这里我们在"语言"下方的下拉框中分别选择"English"和"Chinese"。

单击[添加]，右侧的"选择索引字段"框中便出现相应的语言名称。索引字段，即术语库的语言对，例如术语库中是英语术语和中文术语相对应，则索引字段界面中所选的语言就是英语和中文。点击[下一步]。

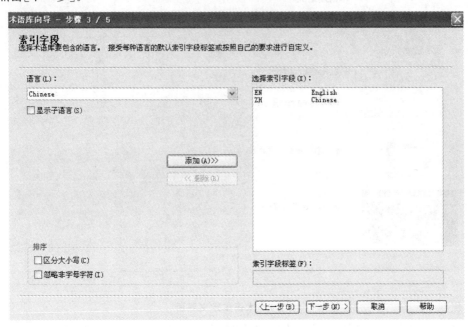

图 7.7　索引字段界面(1)

"显示子语言"项，如果勾选上，则点击左上方"语言"右侧的下拉箭头时，有的语言就会显示其在不同地区的语言项。如"Chinese"一项就会显示出不同国家或地区的 Chinese，如图 7.8 所示。是否勾选，可依据译者的实际翻译需要来定。

图 7.8　索引字段界面(2)

（7）在随后的"说明性字段"和"条目结构"的页面，对于创建简单术语库来说，可以直接点击［下一步］，不做相应的设置。进入"向导已完成"页面，单击［完成］。

图7.9　创建完成界面

（8）打开预设的保存文件夹，可以看到里面出现了许多文件，即表示完成了创建新术语库文件的工作。注意此时创建的是空的术语库，库中没有术语记录。

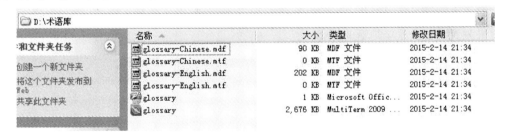

图7.10　术语库文件界面

三、添加术语

1.在 MultiTerm 2011 Desktop 中添加术语

添加术语的功能在 MultiTerm 2011 和 Trados Studio 2011 中都能实现。

（1）SDL MultiTerm Desktop 支持打开和连接本地文件术语库和术语库服务器。依次点击菜单上的［术语库］→［打开术语库］，出现"选择术语库"窗口。该窗口右侧的［服务器］和［浏览］两个按钮可以分别指定术语库服务器和本地文件术语库。

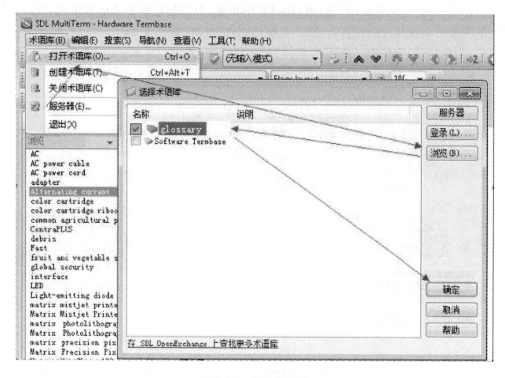

图 7.11 打开术语库

如图 7.11 所示,选定名为"Glossary"的本地文件术语库,点击[确定]后即自动进入术语视图界面。如果术语库中有术语记录,则在左侧"术语"栏中默认以字母顺序列出该术语库所有的词条,右侧显示的则是具体词条的内容。

(2)按快捷键 F3,或者单击[编辑]→[新加],或者点击上方工具栏的[添加新条目]按钮,即可为当前术语库添加新的词条。

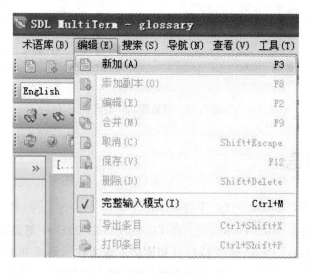

图 7.12 新加术语

(3)双击铅笔图标 ✐ 右侧的方框 ▭ ，即可在方框内分别输入英语的术语和中文的术语。

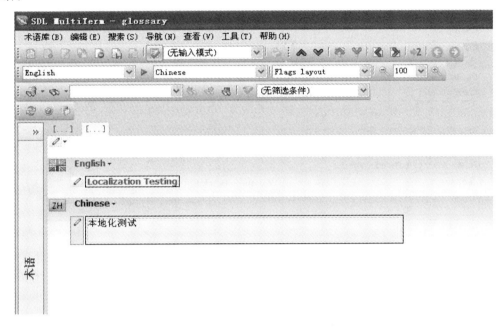

图 7.13　输入术语内容

(4)保存术语，按 F12，或者单击[编辑]→[保存]。

图 7.14　保存术语

(5)回到"目录视图"，即可显示添加术语记录后的统计情况。在"Total number of entries"项中可以看到数字 1，表示成功追加一条术语记录，如图 7.15 所示。

glossary
用于保存软件本地化的术语。

About	
Copyright:	
Physical name:	D:\术语库\glossary.sdltb
Physical size:	2.64 MB
Database owner:	
Creation date:	2015年2月14日星期六

Statistics				
Total number of entries:	1			
Total number of multimedia objects:	0			
Indexes	Name	Terms	Entries	Coverage (% of total)
	Chinese:	1	1	100%
	English:	1	1	100%

Status	
Read-only:	否
Content encryption:	否
Expires on:	—
Currently logged in	
Locked entries	

图 7.15　术语统计

（6）如需编辑术语库已有的词条，可在左侧的术语列表中选中需要编辑的词条，右键选择［编辑］，或者按快捷键 F2 进入该词条的编辑模式。编辑完成后，点击［保存］按钮即可。

图 7.16　术语编辑

2. 从 SDL Trados Studio 2011 中追加记录

术语库主要用来保证翻译时所用术语的统一，是逐渐积累术语形成的。可以在使用

SDL Trados Studio 翻译文件的时候按 Ctrl＋F2 快速添加术语。

（1）预先建立一个空的术语库，为 Trados 添加术语库。该术语库设置了 3 个语种：汉语、英语和德语。进入 Trados 编辑器的翻译界面，如图 7.17 所示。由于是空白的术语库，右上方的"术语识别"窗口中没有显示出任何术语。在翻译的过程中可向术语库中添加新的词条。

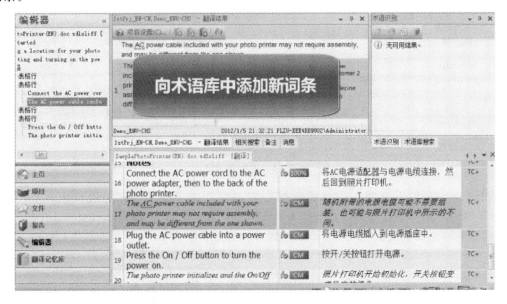

图 7.17 编辑器翻译界面

（2）在编辑器视图中，原文的译文输入后，如果发现某个中英对应语可以作为术语，如"photo printer"和"照片打印机"，可将中英文对照的术语分别选中。

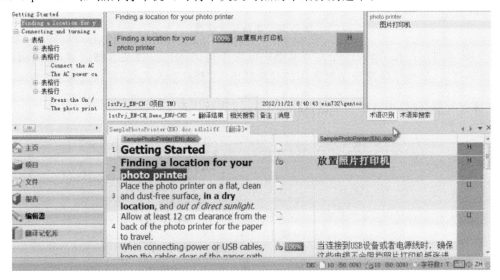

图 7.18 选中术语

（3）单击右键，选择［添加新术语］，或者按 Ctrl＋F2。

图 7.19　添加新术语

（4）在屏幕的右下方会出现"术语库查看器"的窗口，能够看到新添加的术语。

图 7.20　术语库查看器

（5）输入对应的德语词汇（因为该术语库设置了英文、中文、德文 3 种语言，所以需要输入术语的德文，如果术语库定义时采用的是两种语言，则只输入英文、中文即可）。然后点击"术语库查看器"窗口中方框所示的保存图标  进行保存。

图 7.21　保存新术语界面

（6）在屏幕右偏上方的"术语识别"窗口中会出现保存后的新追加术语。

图 7.22　术语识别窗口

（7）原文中的 photo printer 上面出现了一条线，表明术语库已经将它自动识别出来了，并且把它标记为术语。

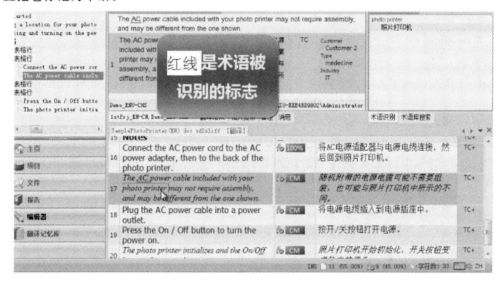

图 7.23　原文中被识别出的术语

四、MultiTerm 术语库格式

客户有时提供的术语是以 Excel 表格的形式呈现。这就需要译者将文件中的内容和结构转换成 SDL Trados 2011 能够识别的术语库格式。

1. 将 Excel 文件导入术语库

在转换之前，需要了解准备用于转换的 Excel 文件，它需要符合以下要求：

（1）所有数据都必须位于工作簿的第一个工作表上。

（2）一般来说，工作表的第一行包含来自各列标题字段的信息，通常为语言对的名称，即第一行不要写术语本身。

（3）包含数据的各列之间不应该出现空列。如果文件中包含数据的列之间有空列，在转换之前，请务必删除此类空列。

图 7. 24　Excel 术语表

2. 用 SDL MultiTerm Convert 生成 XDT 和 XML 等文件

（1）点击［菜单］→［所有程序］→［SDL］→［SDL MultiTerm 2011］→［SDL MultiTerm 2011 Convert］，打开工具 SDL MultiTerm Convert。

（2）在"欢迎界面"点击［下一步］。

图 7. 25　SDL MultiTerm Convert 欢迎界面

　　欢迎页面中显示的是 MultiTerm Convert 的使用说明。MultiTerm Convert 能够制作术语库定义文件(XDT)以及 XML 文件。术语库定义文件规定术语库的结构,即对字段、记录和索引等的设置。在转换步骤完成之后,用 MultiTerm Desktop 创建新的术语库时需要用这个库定义文件。所谓 XML,就是 eXtensible Markup Language,翻译成中文就是"可扩展标识语言"。XML 是一种通用的数据格式。XML 文件可被用于数据交换,主要是因为 XML 文件表示的信息是独立于不同平台的,这里的平台既可以理解为不同的应用程序,也可以理解为不同的操作系统。

　　上文中讲到的 Excel 表格,其中第 1 列为英文术语,第 2 列为中文术语,第 3 列为术语解释,是空白列。先关闭客户的 Excel 表格,回到 MultiTerm Convert 的欢迎界面,点击[下一步]。

　　(3)在"转换会话"对话框,选中"新建转换会话"。如果想要将本次转换会话的过程保存,请选中"保存转换会话",并浏览文件夹,保存此 XCD 文件。如果在以后的工作中用到相同类型的 Excel 文件进行转换,译者可以载入这次的转换会话过程的文件加以重复利用。完成后点击[下一步]。

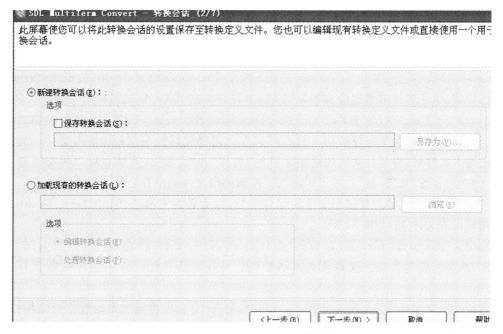

图 7.26　SDL MultiTerm Convert 转换会话界面

　　(4)在"转换选项"对话框中选择"Microsoft Excel 格式",并点击[下一步]。该工具支持以下格式的文件转换。

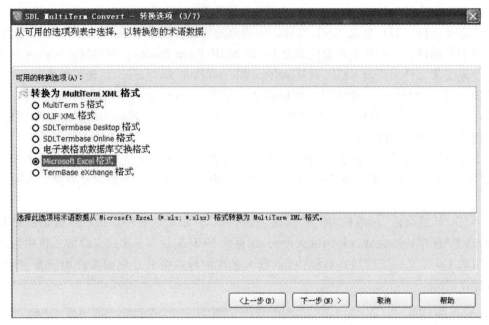

图 7.27　SDL MultiTerm Convert 转换选项界面

如图 7.27 所示，Excel 可转换的 MultiTerm XML 格式包括 MultiTerm 5（MTW 格式）、OLIF XML（符合 OLIF 2.0 XML 格式）、SDL Termbase Desktop 格式、SDL Termbase Online 格式、电子表格或数据库交换格式（制表符分隔的 TXT 格式或逗号分隔的 CSV 格式）、Microsoft Excel（XLS 或 XLSX 格式）、TermBase Exchange（TBX 术语库交换格式）。

（5）"指定文件"页是向导的第 4 页。可以在此选择要转换的 Excel 输入文件。选择要转换的输入文件后，将会自动生成输出文件的"名称"和"位置"。当然也可以根据需要更改输出文件的"名称"和"位置"。指定了输入文件和输出文件的位置之后，单击[下一步]，进入向导的下一个页面。请记住输出文件的保存位置，因为转换完成后，MultiTerm Desktop 需要使用输出的文件 XDT 和 XLM。

输出文件（Output file）：这是 SDL MultiTerm XML 文件，将输入文件转换为该文件。转换后，此文件将包含输入文件中的术语数据。可在以后将此文件中包含的数据导入术语库。

术语库定义文件（Termbase definition file）：此 XDT 文件将描述术语数据的结构；转换后，该文件将用于 SDL MultiTerm 中创建新术语库。

日志文件（Log file）：该日志文件将记录转换会话的详细信息，其中包括执行转换的日期和时间，以及输入文件、输出文件和术语库定义文件的名称等。日志文件具有扩展名 *.log。

图 7.28　SDL MultiTerm Convert 指定文件界面

（6）在"指定列标题"对话框中，该 Excel 文件的首行 3 列文字被作为标题字段的信息，并出现在"可用标题字段"下面的方框中。把 en_US 和 zh_CN 字段设置成索引字段，子语言项分别设置成美式英文 English(United States)和简体中文 Chinese(PRC)。用鼠标单击 en_US，在"索引字段"下拉框中选择 English(United States)。其余的设置的操作与此类似。

图 7.29　SDL MultiTerm Convert 指定列标题界面(1)

第 2 个选项为说明性字段。Definition 字段设置成说明性字段，字段类型项设置成 Text 文本格式。第 3 个选项是概念 ID，把另外一种特殊文件格式的文件转换为术语库格式时才会用到，在 Excel 文件转换时用不到。点击[下一步]。

图 7.30　SDL MultiTerm Convert 指定列标题界面(2)

（7）在"创建条目结构"界面中，左侧是"条目结构"框，右侧是"可用说明性字段"框。可以添加在术语层（Term level）或者条目层（Entry level）。每一层下面，都可以定义、添加额外的描述信息。条目层表述这是一条术语，在条目层可以添加自定义信息。术语层放置的就是真正的术语内容了。在 SDL Trados 的术语描述中，每个术语都可以添加各种各样的字段信息，可以添加同义词、反义词、交叉链接、图片等。即 definition 这个说明性字段是说明 en_US 和 zh_CN 这两个字段，或是说明其中某一个字段。"条目层"包含系统字段以及应用于条目整体的任何说明性字段。"术语层"包含应用于指定术语的任何说明性字段。把说明性字段放在哪个层，由管理员自己来决定。

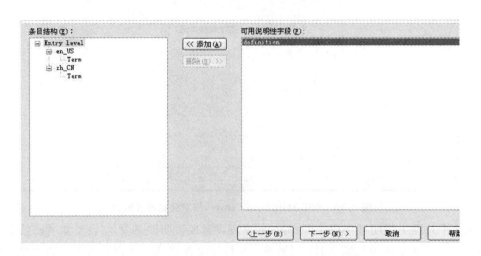

图 7.31　SDL MultiTerm Convert 创建条目结构界面(1)

　　将说明性字段 definition 指定在条目结构层中,选中 Entry level,单击[添加]。即 definition 字段说明的对象是整个条目,包括 en_US 和 zh_CN 这两个字段。这样我们就将术语库的结构创建完成了。点击[下一步]。

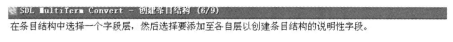

图 7.32　SDL MultiTerm Convert 创建条目结构界面(2)

　　(8)在"转换汇总"对话框中,检查此次转换会话中的一些信息,尤其是文件保存位置和文件的类型。如果确认无误,则点击[下一步],进行会话的转换。如果发现有地方需要修改,则点击[上一步]至某处进行修改。

图 7.33　SDL MultiTerm Convert 转换汇总界面

（9）MultiTerm Convert 开始转换。

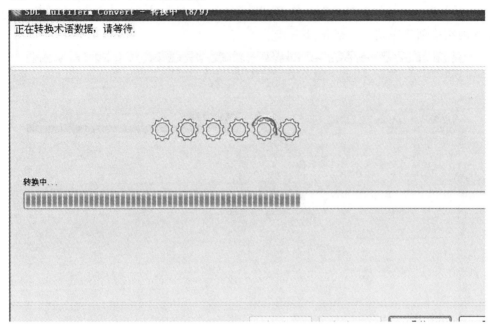

图 7.34　SDL MultiTerm Convert 转换界面

（10）成功转换后点击［完成］，MultiTerm Convert 会自动关闭。

图 7.35　SDL MultiTerm Convert 转换完成界面

（11）回到预先设定的文件保存路径，查看生成的相关文件。

图 7.36　SDL MultiTerm Convert 完成转换后生成的文件

3. 用 SDL MultiTerm 2011 Desktop 建立空的术语库

(1)在存放 SDL MultiTerm Convert"输出文件"的文件夹中找到扩展名是 XDT 和 XML 文件。

(2)双击图标启动 MultiTerm 2011 Desktop,创建一个新的术语库,将其命名为"软件工程术语库",选择保存路径,单击[保存]。

图 7.37　SDL MultiTerm 建库界面

(3)在弹出的"术语库向导"对话框中点击[下一步]。

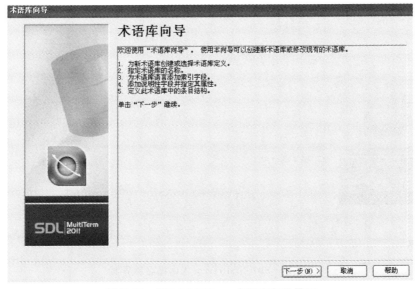

图 7.38　SDL MultiTerm 术语库向导界面

（4）在"术语库向导-步骤1/5"对话框中，选中"载入现有术语库定义文件"，单击[浏览]，选中之前生成的XDT文件。点击[下一步]。

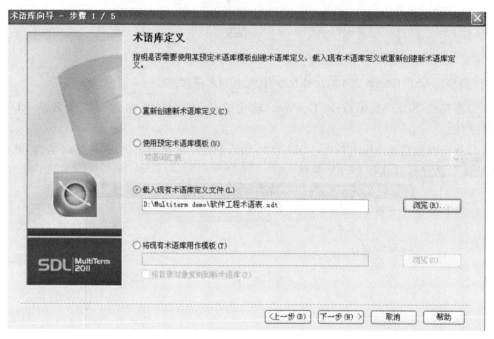

图7.39　SDL MultiTerm术语库定义界面

（5）在"用户友好名称"框中输入术语库名称。如果要添加"术语库说明"，请在"说明"框中输入说明。点击[下一步]至"索引字段"页面。

图7.40　SDL MultiTerm术语库名称界面

(6)由于用户在 XDT 文件中已经定义好了术语库的结构,包括索引字段、说明性字段、条目结构以及它们的位置,因此下面的 3 个界面中不需要做任何修改,保持默认设置,直接点击[下一步],直至完成术语库的创建。此时 SDL MultiTerm 2011 Desktop 自动打开新创建的术语库,但术语库中没有任何术语,原因是数据文件(XML 格式)还未被导入。

4. SDL MultiTerm 2011 Desktop 导入 XML 数据

(1)点击左侧的"目录"视图,在目录列表中选中"Import",并单击右侧框内的第一行的"Default import definition",单击右键,弹出下拉框,选择[处理],弹出"导入向导"界面。

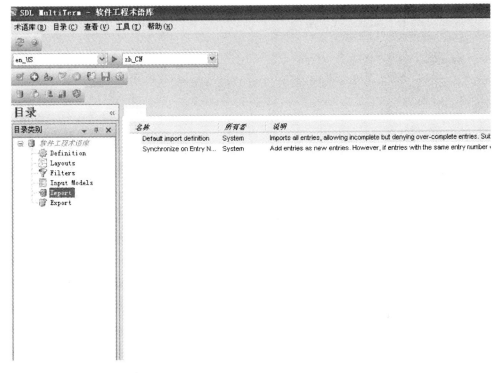

图 7.41　SDL MultiTerm"目录"视图

图 7.42　SDL MultiTerm 右键单击后出现的下拉选项

(2)点击[浏览],选择相应的 XML 文件,会自动载入相应的日志文件。如果 XML 文件中的数据完全符合 MultiTerm XML 的标准,可以选择"快速导入"项,此处不选择该项。点击［下一步］。

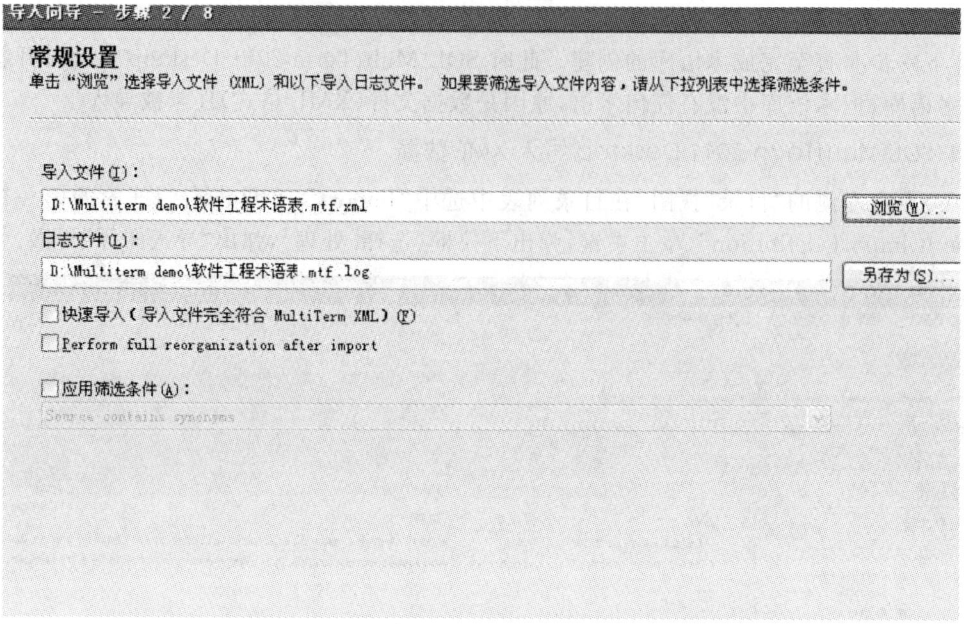

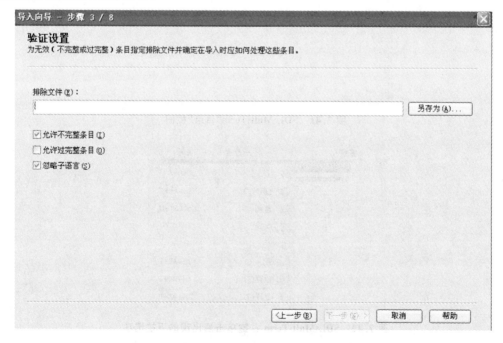

图 7.43　SDL MultiTerm 导入向导常规设置界面

（3）在"验证设置"对话框中生成排除文件。点击［另存为］，为"排除文件"预设保存路径，输入文件名称，新建一个排除文件（XCL），该文件的作用是保存在文件导入过程中未能通过验证检查的术语库条目。

图 7.44　SDL MultiTerm 导入向导验证设置界面

在"验证设置"页面有一个"排除文件"框，框下面有 3 个选项，第 1 项是允许不完整条目，第 2 项是允许过完整条目，第 3 项是忽略子语言。这里只勾选第 1 项和第 3 项。点击[下一步]。

D12 fx 臭虫、缺陷、损坏、窃听器、小虫

	A	B	C	D
1	**en_US**	**zh_CN**	**definition**	
2	Abstract	抽象		
3	Abstraction	抽象		
4	Action Paths	动作路径		
5	Analyst	分析人员		
6	Architecture	体系结构		
7	Architecture Design Model	体系结构设计模型		
8	Basic Path	基本路径		
9	Basic Path Testing	基本路径测试		
10	Black-Box Testing	白盒测试		
11	Boundary Value Analysis	边界取值分析		
12	Bug	故障		臭虫、缺陷、损坏、
13	CASE	计算机辅助软件工程		
14	Completeness	完整		
15	Component Design Model	部件设计模型		
16	Conflict	冲突		
17	Consistency	一致		
18	Constituent	组成		
19	Constraint	约束		
20	Correctness	正确性		
21	Cover	覆盖		

图 7.45 Excel 中的不同记录

在 Excel 表格中，第 3 列 definition 为空白，缺少内容，即不完整条目。在 Bug 的记录中，第 4 列有内容，即过完整条目。如果术语库中预设的语言为“美式英文”和“简体中文”时，但是其中的个别术语为英式英文和繁体中文，那么如果选择了“忽略子语言”后，这些英式英文术语和繁体中文术语都会导入到术语库当中。

(4)在“导入定义汇总”界面中，查看导入定义的一些设置，确认请按[下一步]，就将 XML 文件中的数据导入至该术语库。这样就完成了 Excel 数据转化为 SDLTB 术语库格式的所有步骤。将这个术语库添加到 SDL Trados Studio 2011 中就能开始工作了。

五、总结

确定翻译术语是一个很难的过程，在每次翻译之前，搜集专业术语既费时又费力。自然语言处理技术的深入发展，为当代的语言服务提供了新的转机。术语管理工具一般分为独立式术语管理系统和集成式术语管理模块，前者如 MultiTerm，后者如集成在 Wordfast 之中的术语管理模块。SDL MultiTerm 2011 中含有两个重要的工具：SDL MultiTerm 2011 Convert 和 SDL MultiTerm 2011 Desktop。SDL MultiTerm Convert 将 Microsoft Excel 的术语文件(XLS，XLSX)转换为 MultiTerm 2011 支持的文件格式(XDT 和 XML)。MultiTerm 2011 的标准术语文件格式是 SDLTB，SDLTB 文件可以使用 SDL MultiTerm 2011 Desktop 工具，根据 XDT 和 XML 文件创建生成。

练习题

1. 用 MultiTerm 2011 Convert 将 Excel 术语文件转换生成数据文件和库定义文件。

2. 用 MultiTerm 2011 Desktop 将数据文件和库定义文件转换生成术语库文件。

3. 将 SDLTB 格式的术语库添加到 SDL Trados Studio 2011 中，并在翻译过程中为术语库添加新的术语。

第八章　云译客入门①

一、云译客简介

云译客是由传神语联网网络科技股份有限公司开发的一款计算机辅助翻译软件,旨在为译员打造一款集"在线辅助翻译、机器翻译、数据共享、自定义引擎、区块链"于一体的多语工作平台。

云译客为一款免费软件,可以实现个人翻译和协作翻译两种模式下的翻译。其术语库和语料库管理可以在翻译过程中为译员实现术语及语料的记忆、保存和修改,保证术语统一,同时提高翻译效率。其利用人机共译技术,结合语联网上聚集的译员和大量翻译业务场景,让人类译员或翻译团队与机器翻译引擎协同工作,并记录译员使用机器翻译的修改结果、相关过程数据,翻译内容的行业、领域、场景等多维度信息,让机器翻译引擎能够进行持续的个性化增强学习,让 AI 伴随译员一起成长,获得与译员同样的文化背景及意识形态,孵化出人类译员的孪生译员"Twinslator",让 AI 发挥自身速度优势,又可融入译员自身的文化背景和语言特点,从而实现"人机共译"理想实践。

二、云译客功能模块介绍

通过访问云译客官网(推荐使用谷歌 Chrome 浏览器)进入云译客系统,通过点击官网右侧操作栏进入登录界面,在登录界面输入账号和密码进行登录。

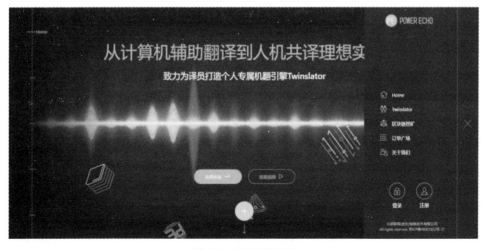

图 8.1　云译客官网

---

① 本章参阅了云译客官网,其产品负责部门也提供了最新素材和宝贵建议。

云译客有9个主要模块，分别为工作台、翻译、Twinslator、术语库、语料库、订单、译客江湖、工具包以及帮助中心。

（一）工作台

工作台界面提供快速机翻、人机共译、创建项目、我要接单等经常使用的快捷选项，同时包括"一周任务"提醒以及未开始、进行中和已完成的翻译项目。

图8.2 工作台界面

工作台界面还包含 E 力、魔方、E 力排行榜和最新动态的提示信息。魔方是新云译客星际江湖开辟的一种积分形式。E 力是为所有译客提供的一种活动奖励，可通过每日魔方任务和参加官方活动获取。

图8.3 魔方、E 力简介

（二）翻译界面

在左侧导航栏可看到翻译模块入口，点开即可进行操作，翻译模块包含快速机翻、任务列表（可创建个人任务）、创建项目和共享项目4个功能入口。

图 8.4　翻译功能菜单

1.快速机翻

(1)文本翻译。如有需要翻译的文本,则需要在文本翻译界面设置语言方向、行业和机翻引擎,输入或粘贴文字(不超过 500 字),点击[开始翻译]即可获得译文。

图 8.5　快速机翻——文本翻译

(2)文档翻译。即选择需要翻译的文档上传,支持 Word、Excel、PowerPoint、PDF 文档,大小不超过 20M,一次上传一个文件。其他操作同文本翻译,需要设置文档翻译语言方向、行业并且选择本次翻译使用的机翻引擎。

图 8.6　快速机翻——文档翻译

2.任务列表

任务列表即用户在平台上自己创建的任务或被指派的项目任务合集，该模块包含自建任务、项目任务。

（1）自建任务。在翻译模块下点击［任务列表］，即可进入任务列表页面，在任务列表页面点击［新建任务］，即可创建个人任务。

新建过程：上传稿件，选择"语种方向"→"行业"→"翻译设置"，点击［创建任务］，即可生成任务。

图 8.7　任务列表——自建任务

任务创建成功后，即可在自建任务列表中生成一条记录。

（2）自建任务列表。

图 8.8　任务列表——自建任务列表

如图 8.8 所示，为自建任务列表，展示任务的详细信息以及操作入口，点击单条任务右侧的"…"可以导出原稿、译稿或删除，点击单条任务右侧的"铅笔"符号，即可进入在线翻译页面。

（3）项目任务。项目任务即译员在参加协同项目组后接受的分配任务。

图 8.9　任务列表——项目任务

3.创建项目

创建项目即译员或 PM（项目经理）可在云译客平台创建协同项目，可实现翻译项目组的协作，包含邀请进组、项目稿件、成员管理、术语库、语料库等信息。

图 8.10　创建的翻译项目

如图 8.10 所示，创建项目组后，可由创建人上传需要翻译的稿件，邀请参与的译员进组，然后进行任务分配，整个操作可直接在线上完成，任务完成后由译员提交，PM 在线查看进度、翻译质量及导出译稿。

4.共享项目

共享项目即为译员加入的项目组，包含项目稿件、术语库、语料库、翻译要求、项目设置等信息。

图 8.11　共享的翻译项目

如图 8.11 所示，译员加入项目组后，可在组内查看分配的任务，并且进入在线翻译操作界面，可统一使用组内的协同库以及参考库，任务完成后直接点击[确认提交]即可。

（三）Twinslator

Twinslator 包含"Twinslator Lab"和"Twinslator 市场"两部分。Twinslator 为云译客全新打造的人机合译尝试。

1. Twinslator Lab

点击[Twinslator]进行信息采集，分别前往个人资料采集和能力信息采集界面，完成信息完善，并创建"我的 Twinslator"，输入 Twinslator 名称、所属行业、训练频率、语种方向以及 Twinslator 描述。

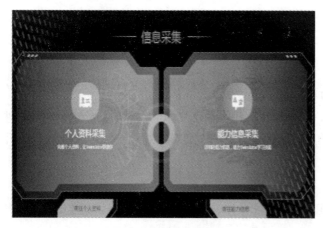

图 8.12　个人资料采集和能力信息采集

图 8.13　创建"我的 Twinslator"

译员 DNA 克隆，是通过术语同步、语料同步以及在线翻译功能使用过程中的信息数据自动采集来实现，通过导入术语文件、关联"我的术语库"进行术语克隆，以及相应的语料克隆。

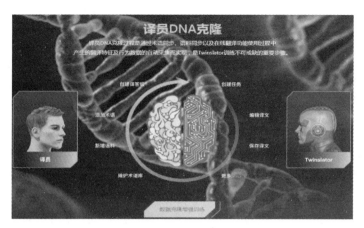

图 8.14 译员 DNA 克隆界面

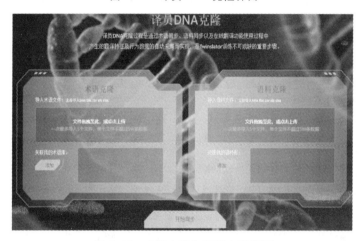

图 8.15 术语克隆和语料克隆界面

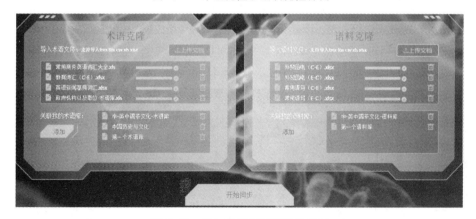

图 8.16 导入术语和语料文件界面

　　术语、语料数据导入后,进入生态成效记录页面,包含具体的训练数量、被调用次数、被收藏次数等以及克隆术语数量和克隆语料总量。

图 8.17 生态成效记录界面

在创建好引擎后，可看到"我的引擎"列表和引擎信息，如图 8.18 所示。

可查看平台总的 Twinslator 参与人数、克隆的术语总量、语料总量、行业分布情况，以及 Twinslator 创建的总数量、被调用次数以及使用它翻译的字数。

还可查看自己的引擎的信息，自己创建的引擎数量，克隆的术语、语料数量，翻译的字符数等。

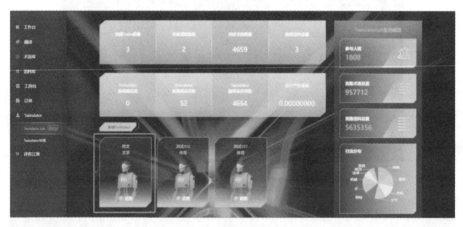

图 8.18 "我的引擎"列表

点击[引擎]即可查看引擎详情，如图 8.19 所示。

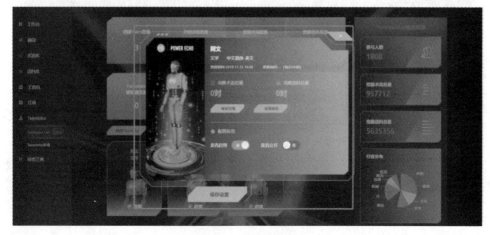

图 8.19 引擎详情界面

引擎详情展示引擎名称、行业、语言方向、创建的时间、更新时间以及克隆的术语、语料数量。另外还有操作项:克隆术语、克隆语料、是否启用、是否公开、效果体验等。

(1)克隆术语:在引擎创建完成后,用户也可随时进行术语克隆,点击引擎详情页的[术语克隆]按钮,选择[术语文件]即可,操作同创建引擎过程中克隆数据。

(2)克隆语料:在引擎创建完成后,用户也可随时进行语料克隆,点击引擎详情页的[语料克隆]按钮,选择[语料文件]即可,操作同创建引擎过程中克隆数据。

图 8.20 引擎设置界面

(3)是否启用:引擎创建完成后默认是启用状态,即可以在系统翻译过程中进行使用,在翻译过程中设置机翻的时候可以选择该引擎;如果设置为未启用,那么在翻译过程中就无法使用。启用、未启用可根据实际需要进行设置。

(4)是否公开:引擎创建完成后默认未公开,在 Twinslator 系统中有一个 Twinslator 市场,如果引擎被公开,那么系统其他用户就可以在市场中看到,并且可以收藏使用,公开的时候可以设置使用收费金额,如被收藏使用可获得 E 力收益。

(5)效果体验:用户在创建完引擎并且进行过训练后,可对引擎进行效果体验,即根据引擎的语言方向进行翻译,查看引擎给出的翻译结果。

2.Twinslator市场

Twinslator 市场包含官方推荐引擎和用户公开以及已收藏的引擎,一起创造、分享。其类似于淘宝商城,目前共有 3 类引擎,即官方推荐、用户公开、已收藏。

(1)官方推荐,即 Twinslator 系统官方引擎开放给用户使用。

(2)用户公开,即个人用户在创建引擎后选择公开,公开后的引擎也会进入 Twinslator市场供其他用户收藏使用。

（3）已收藏，即当前登录用户在市场收藏的官方推荐引擎或用户公开引擎。

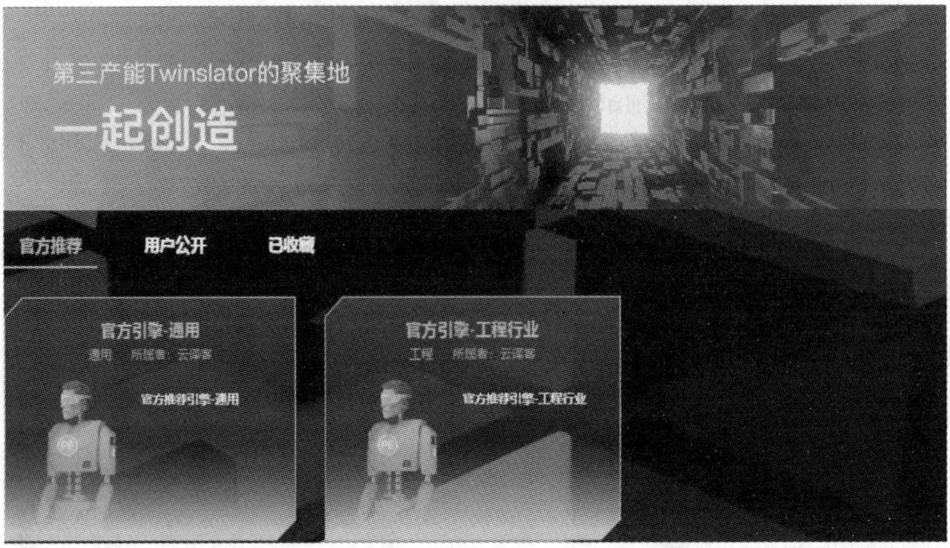

图 8.21　Twinslator 市场

（四）术语库

术语一般泛指行业专有名词或由译员自定义的词对，收集后可在云译客中以库为单位进行分类管理并且可在翻译过程中匹配或进行机翻训练。

术语库包含"我创建的库""我收藏的库""共享给我的库"和"云术语库"。云术语库分为推荐词库、权威词库、公开词库 3 个部分。

1. 我创建的库

图 8.22　"我"创建的术语库界面

如图 8.22 所示，用户登录后可通过左侧导航栏的术语库进入术语库管理界面，可新建术语库。创建成功后可往库内添加、导入词条，编辑词条等，并且可将"我创建的库"共享给个人或者项目组。

图 8.23 创建术语库

如图 8.23 所示,需要填写库名、所属行业、语种方向以及备注(备注非必填);信息填写完成即可点击[确定]按钮。

(1)公开库。"我创建的库"可以设置为公开,即将"我的库"公开到公共术语库,可供其他用户收藏使用,公开时可以设置收藏所需 E 力,如库被收藏则会按要求获得 E 力。

收藏了库后,可以在翻译过程中进行术语匹配。

第一步:点击[公开库]。

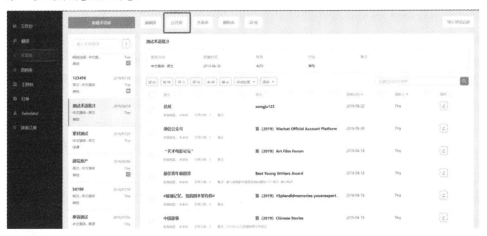

图 8.24 公开术语库(1)

第二步:设置收藏库所需 E 力,E 力可设置为 0,即免费公开。

图 8.25　公开术语库(2)

(2)共享库。"我创建的库"可以进行共享操作,即将"我创建的库"共享给其他用户或译客组,共享有 3 种权限——可编辑、可添加、只读,可根据实际情况进行设定。

可编辑:把库共享给用户后,对方在收到共享库后,会在"共享给我的库"分类下找到这个库,操作权限允许往库内添加术语对,可编辑、删除、导出自己添加的术语;整个库的所有内容都可以浏览查阅,并且在翻译过程中作为参考库使用。

可添加:把库共享给用户后,对方在收到共享库后,会在"共享给我的库"分类下找到这个库,操作权限允许往库内添加术语对,可编辑、删除、导出自己添加的术语,并且可以编辑库内所有的术语对、编辑后可以进行删除、导出;整个库的所有内容都可以浏览查阅,并且在翻译过程中作为参考库使用。

只读:把库共享给用户后,对方在收到共享库后,会在"共享给我的库"分类下找到这个库,操作权限只允许浏览查阅,并且在翻译过程中作为参考库使用,无法添加或编辑、导出库内词条。

图 8.26　共享术语库(1)

图 8.27　共享术语库(2)

共享给项目组操作同共享给个人用户。

(3)训练。将当前术语库与"我创建的 Twinslator"引擎进行关联,将库内词条输入 Twinslator 引擎进行训练。

图 8.28　机器翻译——训练

2. 我收藏的库

图 8.29　我收藏的库

"我收藏的库"是指用户在云术语库收藏的平台或用户公开的术语库,收藏后会出现在"我收藏的库"列表,可查看库内容并且在在线翻译过程中使用术语进行匹配。

3. 共享给我的库

图 8.30　共享给"我"的库

"共享给我的库"可按共享权限进行对应操作,共享权限在共享库模块查看。

4. 云术语库

云术语库为平台和平台用户公开的术语库,可在此处根据需要进行收藏,收藏可能会消耗 E 力。

图 8.31　云术语库——推荐词库、权威词库

(五)语料库

语料可以认为是句对文本,在翻译中就是原、译文组成的双语句对,收集后可在云译客中以库为单位进行分类管理,在翻译过程中进行匹配复用或训练机翻引擎。

语料库包含"我创建的库""我收藏的库""共享给我的库""云语料库"4 个部分。

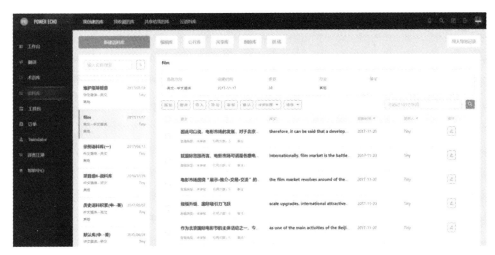

图 8.32 语料库界面

语料库操作和分类同术语库,请参考术语库部分说明。

(六)订单

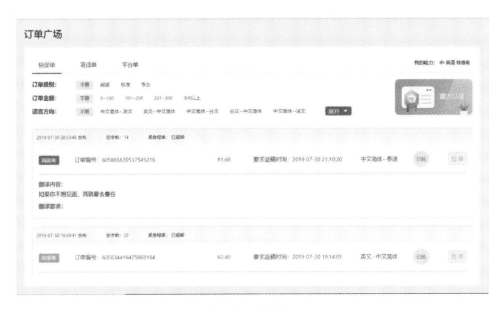

图 8.33 订单广场

如图 8.33 所示,"订单广场"提供快译单、笔译单、平台单 3 种类型订单,平台根据用户认证的能力信息判定用户能接的订单;用户可根据订单级别、任务类型、订单金额以及语种方向筛选订单。

1.快译单

满足接快译订单资格的译员可在快译单列表进行抢单,列表展示可抢订单,如抢单时能力不匹配,系统会给出提示;抢单成功订单信息会进入个人中心—我的订单。

图8.34　快译单列表

2. 笔译单

（1）订单列表。笔译单展示内容如图所示，同样会根据用户认证的能力信息判定是否能抢单。

图8.35　笔译单列表

（2）订单详情。在抢单前可查看订单详情，看订单详细信息并且可预览部分待翻译稿件。

图 8.36　笔译单详情

3. 平台单

同笔译单。

(七)译客江湖

译客江湖可以通过签到,收藏术语库、语料库,使用快速机翻,使用拼写或漏译检查等项目获取魔方,换取 E 力。

图 8.37　译客江湖奖励界面

（八）工具包

工具包模块包含文档转换和字数统计两部分。

1. 文档转换

上传 PDF 文档，在线转换为 Word 格式，转换成功可下载。

图 8.38　文档转换界面

2. 字数统计

上传 Word 文档，统计文档字数、字符数不计空格以及文档重复率。

图 8.39　字数统计

(九)帮助中心

帮助中心可查看系统功能操作视频和讲解,且可查看常见问题,进行意见反馈等操作。

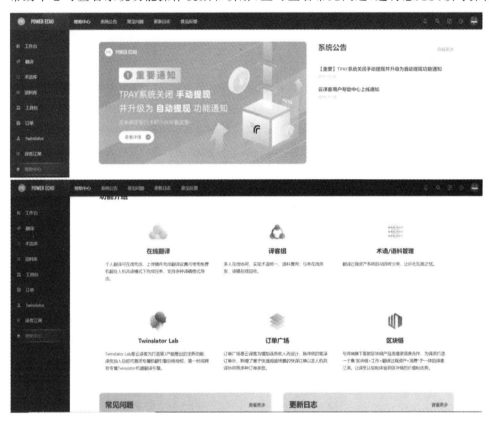

图8.40 帮助中心界面

三、创建翻译项目流程

考虑使用便捷性,以下依次介绍创建术语库、创建语料库、创建翻译项目。

1.创建术语库

术语库界面包括"我创建的库""我收藏的库""共享给我的库""云术语库""新建术语库""导入导出记录"6个部分。

图 8.41　术语库界面

点击［新建术语库］，填写库名称（如中-英茶文化术语）→从下拉菜单中选择行业、语言方向→填写备注（如茶文化相关术语），点击［确定］，界面直接跳转至"我创建的库"。

图 8.42　新建术语库

图 8.43　"我"创建的库

"第一个术语库"为系统根据注册时所选关注类别等信息自动创建的一个含 5 个词条的术语库。

在刚建的"中-英茶文化术语库"中可进行词条的添加、删除、导入、导出、审核、确认、冲突处理和排序处理等操作。同时,新建术语库的信息也可重新编辑,点击[编辑库]即可修订"库名称"和"备注"这两项信息。

术语可通过手动添加和直接导入文件方式添加。

手动添加需要填入原文、译文等信息,点击[确定]后即添加词条成功。

图 8.44　手动添加术语

直接导入可同时导入 5 个文件,单个文件最多支持 5 万个词条;如文件过大,请拆分后导入,支持 TMX、TBX、CSV、XLSX 等格式。如导入的文件显示为乱码,请设置导入的文件格式为 UTF-8。导入之后点击[我创建的库],刷新后即可看到导入的术语库。

图 8.45　导入文件术语

图 8.46　术语导入界面

2. 新建语料库

语料库界面包括"我创建的库""我收藏的库""共享给我的库""云语料库""新建语料库"和"导入导出记录"6 个部分。

"第一个语料库"为系统根据注册时所选关注类别等信息自动创建的 5 个句子翻译。

点击［新建语料库］，填写库名称（如"中-英茶文化语料库"）→从下拉菜单中选择行业、语言方向→填写备注（如"中-英茶文化语料库相关句子翻译"），点击［确定］，界面直接跳转至"我创建的库"。

图 8.47　新建语料库

语料库句子的添加可采取手动添加和自动导入两种方式。

手动添加句子翻译，分别输入原文和译文，点击［确定］即可。

图 8.48　语料导入

自动导入可同时导入 5 个文件，单个文件最多支持 5 万条；如文件过大，请拆分后导入，支持 TMX、TBX、CSV、XLSX 格式。如导入的文件显示为乱码，请设置导入的文件格式为 UTF-8。导入之后点击创建的语料库即可看到导入的语料。

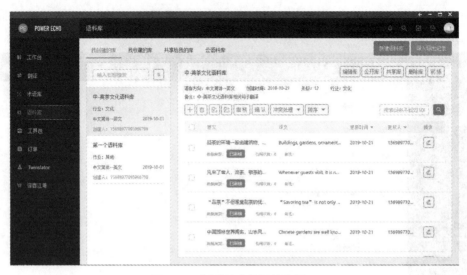

图 8.49 "我"创建的语料库界面

3.创建翻译项目

点击［创建项目］，建立协同翻译组，可邀请多个成员加入，共同完成翻译项目。创建新项目组需填写组名称、语种方向、所属行业、翻译要求，上传文档附件，选择结项时间。

图 8.50 创建项目组

图 8.51 项目组界面

在"我创建的项目"界面,点击[邀请进组],即可获得邀请链接,点击复制链接把链接发送给组员。可输入用户昵称或注册邮箱搜索用户,未注册用户可通过输入邮箱地址邀请。点击[邮箱邀请用户加入],添加邮箱之后,点击[发送邀请],对方邮箱会收到一封语联网邮箱邀请进组邮件。点击[立即加入],对方通过自己账号即可进入到"进组邀请"界面,能够看到项目组名称、公告和邀请时间,点击[立即进组]即可加入项目组。

图 8.52　进组邀请

点击[项目设置],可以编辑组信息和解散项目组。

点击[发起群聊],即可实现群组内成员文件传输、图片发送。

"我创建的项目"界面主要由项目稿件、成员管理、术语库、语料库 4 大部分组成。

(1)"项目稿件"界面完成上传稿件,进行翻译模式(句翻译、段翻译)和语言方式的选择。

拆分稿件可以选择拆为几份,通过增加一段、减少一段的方式,保证每份稿件的相对完整。

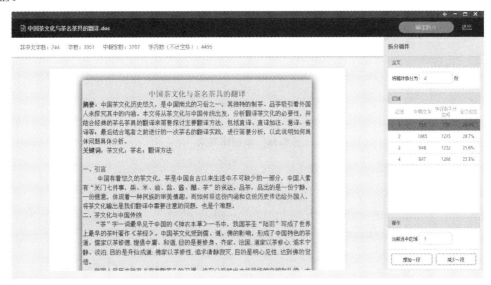

图 8.53　稿件拆分

完成稿件拆分之后即可每一部分指派翻译和指派审校,并设置截稿时间。

图 8.54　指派翻译和审校

（2）"成员管理"界面显示项目昵称、参与翻译任务数、参与审校任务数、被修正句数和其他操作，如修改组内昵称、删除和添加管理员（设置后操作权限同创建者）。

图 8.55　项目成员管理

（3）"术语库"界面包括协同库和参考库。协同库中保存所有组内成员在翻译过程中新增的术语，可以点击操作中的查看按钮，进行术语词条的添加和导入导出。添加参考库可以保证术语统一，任何组员均可参考。

图 8.56　术语库界面

图 8.57　添加参考库

（4）语料库的导入方法同上述术语库。

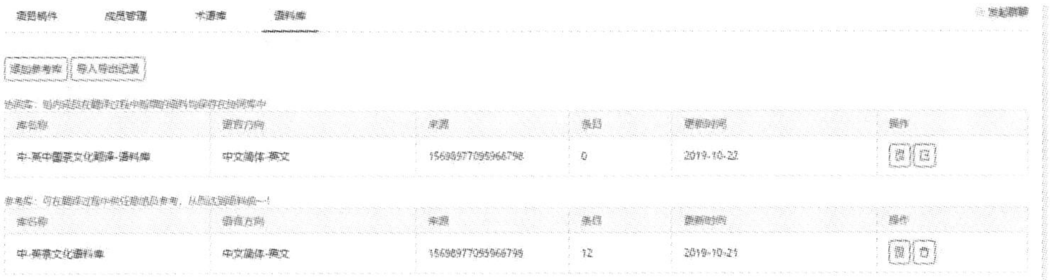

图 8.58　语料库界面

图 8.59　添加参考库

完成术语库和语料库的添加，每一组员即可进行翻译任务。

每次进行信息的添加右上角第一个铃铛图标均会显示消息提醒。点击铃铛图标即可获得即时信息提示。

图 8.60　消息中心信息提示

四、在线翻译流程

组员登录个人账号，点击［翻译］→［共享项目］→［在线翻译］，即可进行个人翻译。

1. 翻译设置

点击［翻译设置］，即可对"术语存储库""语料存储库"进行设置。术语存储库可添加其余建立的术语库作为参考库，同时可以添加新术语。语料库存储方式同术语库。

图 8.61　翻译库设置——术语存储库

图 8.62　存储库和参考库设置

机器翻译设置可以从列表中选取不同的机器翻译系统，每次设置只能选择一个。在此处可选择自己创建的或收藏的 Twinslator 引擎来进行机器翻译。

图 8.63　翻译库设置——机器翻译

2.预处理

点击[预处理],分为机翻填充和语料填充两个部分。机翻填充可选择机翻引擎,选择"机翻矩阵",同样也可选择自己创建的 Twinslator 引擎,还可通过构建术语库的方式,勾选"术语替换",用自建的术语库保证前后翻译的统一。

图 8.64 预处理机器填充

语料填充也可重新构建语料库,或者从已有语料库中选择合适语料进行填充,并对匹配率进行设置。

图 8.65 预处理语料填充

在机翻填充界面,点击[立即填充],即可得到机器翻译加自建术语库翻译的结果。但是机翻结果仍需人工校对以确保翻译质量。

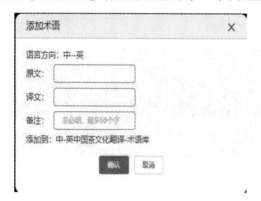

中国茶文化与茶名茶具的翻译 <u>Translation of Chinese Tea Culture and Tea Name Tea Set</u>

摘要: <u>Summary</u> 中国茶文化历史悠久,是中国南北的习俗之一,其独特的制茶、品茶吸引着外国人来探究其中的内涵。 <u>Chinese tea culture has a long history and is one of the customs of North and South China. Its unique tea and tea attract foreigners to explore its connotation</u> 本文将从茶文化与中国传统出发,分析翻译茶文化的必要性,并结合经典的茶名茶具的翻译来简要探讨主要翻译方法,包括直译、直译加注、意译、省译等; <u>This article will analyze the necessity of translating tea culture from the tea culture and Chinese tradition, and briefly discuss the main translation methods, including literal translation, literal translation, free translation, provincial translation, etc., in combination with the translation of classic tea tea sets</u> 最后结合笔者之前进行的一次茶名的翻译实践,进行简要分析,以此说明如何具体问题具体分析。 <u>Finally, combined with the author's previous translation practice of a tea name, a brief analysis is carried out to illustrate how to analyze the specific problem.</u>

关键词: <u>Key words</u> 茶文化、 <u>tea culture</u> 茶名、 <u>Tea name</u> 翻译方法 <u>translation method</u>

图 8.66　预处理翻译结果

3. 翻译和审校

点击[开始翻译],将光标放置到每一句中文上,即可对每一句翻译进行修改。

图 8.67　翻译过程中添加术语　　　　图 8.68　术语和语料提示

右上角有术语提示和语料提示,术语库会提示相关术语的翻译,并在翻译对话框中以彩色标注出来。

翻译完毕后,点击[检查],可进行拼写检查和漏译检查。

图 8.69　选择检查类型　　　　　图 8.70　译后预览格式

点击[译后预览],可选择原译对照、全部译文和全部原文 3 种方式。

审校时点击[审校],即可对译文进行修改。

4.导出译文

所有翻译和审校都完成之后,选中翻译项目,点击[导出译稿]图标,即可完成译文的导出。可选择纯译文、段段对照和并列对照 3 种译文导出格式。

图 8.71 选中、导出译稿

图 8.72 导出译稿格式

点击创建项目界面右上方的[导出译稿记录],即可下载导出的译稿。下载的拆分翻译的文档是压缩文件格式,里面包含每一部分拆分文档的译文,整合到一个文档中,即可得到全部译稿。

图 8.73 导出译稿记录下载

五、总结

本章首先介绍了云译客注册和登录流程,然后介绍了其主要功能模块、创建翻译项目流程和在线翻译的具体操作和流程,对新建术语、新建语料以及整个协同翻译项目的每个步骤进行了详细说明。云译客为译员和翻译组提供了一个便利的工作系统,节约译者沟通、校对的时间,提升了翻译效率,同时新板块的开发致力于提供人机共译模式,通过培训译员的Twinslator 引擎,让引擎与译员同步成长与进步,以提升翻译效果和效率。

练习题

1.准备一篇英文稿件、相应的术语库和语料库,练习用云译客创建翻译项目,指派译员和审校员,完成整个翻译项目任务并体会其过程。

2.使用云译客完成一篇中文稿件的翻译,准备好术语库和语料库,体会术语库、记忆库在翻译中的作用。

3.总结云译客翻译流程特点、如何充分利用云译客翻译平台提升翻译效率。

第九章　本地化入门

一、本地化的概念

(一)本地化的定义

自经济全球化以来,各国、各地区之间的贸易往来日益频繁,商务活动日益密切。一些大型国际和跨国企业为了拓展国际市场,纷纷利用其比较优势将产品输出到不同的目的国,比如德国的汽车、日本的电器、美国的计算机,无不销到其他国家,甚至行销全球。进入数字经济时代,全球化产品从实体经济产品扩大到数字产品,如影视作品、电脑软件、电子图书等。无论是实体行业产品还是数字行业产品,在售至不同的国家时,由于各个国家之间存在语言、文化、习俗、信仰、货币、法律等方面的差异,都要根据这些差异针对不同国家进行修改以适应目的国的市场。这种修改目标产品的过程称为产品的本地化。

根据本地化行业标准协会(LISA)(2007)的定义,"本地化是对产品或服务进行修改以适应不同市场所存在的的差异的过程"。中国翻译协会(2011)将本地化定义为"将一个产品按特定国家/地区或语言市场的需要进行加工,使之满足特定市场上用户对语言和文化的特殊要求的软件生产活动"。

美国新泽西州立罗格斯大学教授米古尔·吉梅内斯-克雷斯波(Jiménez-Crespo)(2013)认为,本地化是以目标受众的期望为导向,按照发起人的要求,将用于不同语言和社会文化环境下的交互数字文本进行修改的一种交际性、认知性、文本性和技术性的综合过程。

崔启亮(2017)指出本地化是以翻译服务为基础,对全球设计和营销的产品或服务进行语言、技术、文化的适应性修改,以满足发起人和目标区域用户在语言和社会文化语境要求的服务。

(二)本地化的对象

本地化的对象为需要进行本地化的产品,一般包括手册文档、软件、多媒体、网站等。

1.手册文档

手册文档是对产品的功能特征和使用方法进行说明解释的辅助性材料,能够帮助用户快速地掌握和合理地使用产品。根据产品本身及其内容,手册文档可以分为产品安装手册、产品说明书、用户操作手册、市场宣传手册、产品质量保修手册等。根据产品的呈现形式,可以分为纸质版手册和电子版手册。纸质版手册使用方便,对环境要求简单,电子版手册呈现方式多样化,可以满足不同的个性化需求。手册文档一般由以下 4 个部分组成。

(1)封面:包含产品手册的名称和有关产品公司的基本信息。

(2)目录:包含各层级目录及页码,是对产品各项功能的快速导航。

(3)正文:产品手册的主体部分,包含文字、图、表等各项内容,电子版手册还可能包括多媒体内容。

（4）索引：包含索引条目和页码，其功能主要是对产品的一些关键功能所在位置进行关键字的提取，实现快速查找。

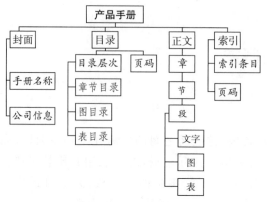

图 9.1　手册文档的组成

对于手册文档本地化，需要根据其编写工具选择不同的本地化方法。手册编写经常用到的技术写作软件有 Microsoft Word、Adobe FrameMaker、Text Editor、InDesign、PageMaker 以及 QuarkXpress 等。近年来，随着文档数量的快速增加，越来越多的公司通过在线内容管理系统（CMS）进行手册文档的设计和写作。

由常用办公软件，如 Microsoft Word 编写的手册，一般直接支持 CAT 软件的导入和翻译。而由专业写作软件或排版软件生成的手册文档可能需要经过一定的文件格式转换才能导入 CAT 软件中。例如，由 FrameMaker 制作的文档，其文件扩展名为 FM，需要在 FrameMaker 软件中将 FM 文件另存为 MIF 格式后才能导入 SDL Trados。再如，由 InDesign 制作的文档，需要根据 ID 的版本将其导出为 INX/IDML 格式后，再利用计算机辅助翻译软件进行翻译。

2. 软件

软件的本地化是指对软件的用户界面（UI）和其辅助文档（如联机帮助文档）按照目标语国家的文化、用户的习惯等进行语言的转换。随着计算机技术的发展和人们对技术要求的提高，本地化范围已经从最初单机版的软件扩展到网络版软件，从 PC 软件扩展到了移动软件。

图 9.2　Adobe Photoshop 英文界面

图 9.3　Adobe Photoshop 中文界面

软件本地化需要处理的文件有两种,一种是未经过软件开发工具编译的原始资源文件,另一种是经过软件工具编译后的二进制资源文件。第一种类型文件的本地化,由于需要了解编程语言的编写规则,对本地化人员有着较高的要求。另外,原始资源文件中,存在大量不需要翻译的内容,如固定的编程语句和标识符,还有控件的翻译往往因缺乏具体语境而只能依赖翻译人员的经验或猜测。再者,翻译人员可能会对不需要翻译的软件代码进行翻译(过度翻译),使目标软件最终无法生成。因此这种处理虽然方法上可行,但是效率较低。因此,软件本地化一般采用第二种方式,即利用本地化软件处理二进制资源文件。

利用本地化软件处理二进制资源文件最显著的优点是可以采用本地化软件提供的可视化功能,即采用所见即所得(WYSIWYG)的方式进行。二进制文件是经过软件开发工具编译的用户界面文件,常见的文件类型包括 DLL、OCX、EXE 等。利用常用的本地化软件,如 Alchemy Catalyst、SDL Passolo 等对二进制资源文件中的对话框、菜单、字符串等内容,进行资源分析、资源重用、翻译、翻译记忆、质量检查等各项工作。

3.多媒体

数字经济时代,多媒体是经济全球化过程中一股不可或缺的推动力量。人们对信息的获取和发送方式已经由单向传播转变为多向互动。市场宣传、产品说明、教育教学、移动汽车等已经改变了原有的单一线性的呈现模式,以更加丰富性、灵活性、即时性的特点进行非线性的人与信息之间的交互。多媒体行业的蓬勃发展也给本地化行业带来了机遇和挑战。随着移动互联、人工智能行业的逐步兴起,多媒体本地化业务近年来也保持着快速的增长。

多媒体的构成元素通常包括文本、图形、音频、动画、视频。多媒体的本地化实际上就是对其各种元素进行本地化的过程。

多媒体文件常见的格式包括:

(1)文本:TXT、DOC、PPT、RTG、XML、PDF、CHM、LRC 等。

(2)图形:BMP、TIF、PSD、DIB、JPG、GIF 等位图文件,DIF、AI、EPS、CRD、SVG 等矢量图文件。

(3)音频:WAV、WMA、MP3 等。

(4)动画:GIF、FLIC、SWF 等。

(5)视频:AVI、WMA、FLV、MOV 等。

从上述文件格式可以看出,多媒体本地化工程是一项涉及多种技术处理的工作,本地化工程人员不仅需要掌握相应的本地化软件,同时也需要掌握支持各类格式文件生成的多媒体软件,还需要有机地结合各种软件的使用,达到最佳效率。

多媒体本地化工作的内容可以从本地化翻译公司提供的业务服务中获得一定了解,例如某翻译公司提供以下多媒体制作服务:

(1)语音脚本翻译:将源脚本翻译成客户要求的若干种目标语言,并提交客户检查并获得确认。支持绝大部分亚洲和欧洲语言。

(2)听译服务:将音频转换为文字,且翻译成目标语言的服务,包括听译、听审、翻译、校对,译员提交书面中外文对照译稿。

(3)配音服务:提供业余配音、专业配音、外籍配音 3 种级别配音服务,不同人员配音服务价格不同并一起加收配音设备使用费用。

（4）字幕服务：为视频文件添加字幕，外语视频收取翻译费用和技术费用。

图 9.4　视频、字幕本地化后的界面

4. 网站

网站本地化是本地化翻译的常见内容，其本地化的对象常常包括文本、图片、音频和视频，因此属于涉及多种技术综合应用的本地化工程。通常情况下，一些较大的企业都会将其网站译成多种语言。多语网站本地化不仅涉及内容翻译与复杂的本地化技术过程，还需要考虑文化、宗教、语言、法规和技术适应性分析和调整方案，而且还涉及项目管理、翻译审校、质量保证、在线测试、内容更新、资源重复利用等。

图 9.5　Apple 公司的英文网站界面

图 9.6　Apple 公司的中文网站界面

网站文本内容的翻译可以使用一些网页编辑软件,如 Dreamweaver、Microsoft FrontPage,为了重用译文和术语,通常使用 CAT 软件,例如 Trados,memoQ 等。多媒体文件本地化经常会用到的软件有 Macromedia Flash、CorelDraw、Premiere、Photoshop 等。其他需要本地化的内容还包括 Java 脚本、XTHML 语言、JSP、CGI 程序文本、SQL、Access 数据库等。

在网站的实际本地化过程中,有许多细节问题不容忽视,如:网站在不同地区的默认语言;目标读者(如阿拉伯人、日本人)的阅读习惯;翻译字符的长度;日期、货币的显示方式;图片、文字等内容中涉及的文化禁忌和法律禁止的行为;等等。

网站翻译和本地化服务包括(但不限于):
- 将需要翻译的内容从源代码中分离。
- 将任意语种的文本内容翻译成任意文字。
- 对 HTML、SGML 和 XML 文件进行格式化处理。
- 消除文化差异。
- 图形本地化,生成 GIF、JPEG、TIFF 和其他图形文件。
- 借助 CGI、JavaScript、Java 和 VB Script 进行本地化。
- 使用 Microsoft ASP、Microsoft FrontPage、Dreamweaver 和 Macromedia Flash。

一般情况下,网站本地化的流程包括:
- 需求:了解客户需求、确定项目任务、估算工作量、提出项目工期计划和报价。
- 分析:分析原网站中的内容,制订相关方案以消除文化差异。
- 文件处理:进行网站架构分析,提取可翻译文字和图形。
- 翻译:翻译所提取的内容。
- 集成和测试:以目标语言创建网站,测试集成站点。
- 优化:针对目标市场网站进行搜索引擎优化(SEO)。
- 维护:定期与客户进行沟通,对网站内容进行更新和维护。

(三)翻译和本地化的区别

1. 实施流程的区别

传统的翻译工作,其主要目的是实现语言之间的转换,所涉及的是对原文的理解和对译文的表达以及校核,过程较为简单。而在本地化中,翻译只是其流程的一部分。除翻译外,本地化还包括预处理阶段的术语提取、资源重用、文件转换、伪翻译以及后处理阶段的编译环境配置、文件处理、本地化测试等各项流程。

2. 技术处理的区别

就计算机技术而言,传统翻译工作一般只涉及文字编辑软件的使用,对计算机应用技术要求低,很少或几乎不涉及 CAT 工具及其技术的介入。而在本地化中,计算机的应用是其工作展开的基础,涉及多种软件的技术应用和综合处理,包括字符识别(OCR)软件、桌面排版(DTP)软件、计算机辅助翻译(CAT)软件、机器翻译(MT)软件、译后编辑(PE)软件、本地化工程软件、质量检查(QA)软件等。另外,还需要本地化工程人员对字符编码、文件格式、编程语言、正则表达式等计算机知识有一定的了解。

3.翻译策略的区别

在传统翻译中,翻译策略的选择是决定最终译文质量的关键,如以哪种翻译理论为指导、采用什么翻译技巧等。但对本地化而言,由于本地化产品面对的是不同的用户,因此不仅涉及翻译技巧和理论的指导,更多地还要结合产品本身的特点进行有针对性的翻译。例如,一些产品在其他国家销售时,就需要变更有关信息,如产商联系人和联系方式,避免直接翻译原文信息。再如,软件产品本地化时,翻译成其他语言应考虑该语言的字符长度,从而在有限的空间内让字符正常显示。

二、本地化工程流程

在上面一节中提到,翻译和本地化在实施流程和技术处理上存在区别。而实施流程和技术处理也正是本地化工程的主要内容。崔启亮(2011)认为,本地化工程从工作性质而言,是本地化项目中的技术处理和支持工作;从应用技术而言,本地化工程技术包括软件工程、翻译技术和质量保证技术、计算机辅助翻译技术、术语管理技术、译文质量检查与统计等技术。因此,本地化工程的各项工作主要是围绕着有序的项目管理和综合的技术使用而展开的。

图 9.7 本地化翻译项目阶段流程

一般来说,本地化翻译项目可以按照译前、译中、译后三个阶段划分。译前阶段包括项目分析与工程前处理,译中阶段包括翻译和审阅,译后阶段包括质量保证、工程后处理、桌面排版、软件测试、项目收尾等。

1.项目分析

在项目启动之前,任何形式的本地化工程任务都需要进行项目前期的分析工作。完善的项目分析是确保项目顺利展开的基础。首先,需要按照客户的要求对项目的特点进行分析,例如客户要求的文件类型和目标语种。其次,项目经理需要同本地化工程人员共同确定项目的大致工作量,为销售人员提供报价支持。再次,分析阶段应该创建好项目里程碑,制定产出率和工作量,产出率和工作量的制定可以参考类似项目进行正推或逆推。另外,需要确定项目进行过程中会使用到的软件工具,列入工程实施指南。最后再依据项目特点对项目参与人员进行任务安排和进度划分。

2.工程前处理

在完成项目分析后,项目主管需要对客户提交的原始资源文件进行分析,对需要翻译的文件进行文件准备和格式转换。如文件本身即存在需要翻译的部分,也存在不需要翻译的部分,则可对不需要翻译的部分进行筛选和标记,例如 Word 中可以利用 tw4winExternal 样式保护保留部分不需要翻译的文本,CAT 软件中可以对非译元素进行设定等。如此一来,提高了有效翻译率,缩短了工作时间,进而得到更为准确的字数统计,为后续的稿件派发提供便利。此外,项目经理需要准备一些其他参考文件,比如记忆库文件、术语表文件、平行文本等供翻译人员参考。

3.翻译审阅

翻译阶段的主要工作是利用前期经过处理的文件进行目标语的转换。根据文件分析得出的不同类型文件,使用不同的软件工具进行翻译。翻译技术的发展,对翻译人员使用软件技术的能力要求越来越高,那些完全抛弃或拒绝利用计算机技术提高翻译效率的译员将越来越难以适应本地化翻译工作的需求。审阅阶段,要求校对人员对译文进行检查,包括有无错译、漏译、重译,一致性检查,翻译风格检查,文化差异体现等。

4.质量检查

本地化过程中,文档中的一些标识符可能会因为某些原因而被修改,另外,还存在术语、数字、非译元素、标点符号、大小写、空格等问题。因此对这些问题进行质量检查至关重要。人工的检查虽然准确性有一定保障,但是效率低下,难以满足生产需求。因此,QA 人员常借用专门的质量检查工具进行辅助。许多 CAT 工具都有 QA 功能,如 Trados 里面的 QA Checker, Alchemy Catalyst 里面的 Validate Expert,memoQ 里面的 RUN QA 等。另外,还有专门的质量保证工具可以以插件的形式加载到翻译工具中,如 ApSIC Xbench。

5.工程后处理

工程后处理的主要工作是对翻译后的文件进行转换,转换成原始格式的文件,并且通过软件编译或者集成,得到本地化后的版本。对于软件本地化项目,在后处理阶段需要进行控件格式的验证、控件大小的调整以及项目文件的提取。一般来说,本地化后的文件数量和文件结果应和原文文件数量及其结构保持一致,从而为软件编译环境的构建、软件的顺利运行提供条件。

6.桌面排版

排版工作是由排版人员对本地化后的文件按照原文的版式、字体、样式进行调整和编辑。能够直接导入 CAT 翻译的文档,虽然支持原文件格式的导出,但许多情况下存在大量的标签,会导致导出的译文文件出现版式混乱。另外,翻译后的文档目录、索引、交叉引用等都需要排版人员手动调整。对于手册文档本地化文件的排版,要求排版人员利用专业排版工具进行,如 PS、AI、FM 等。对于联机文档的排版,要求排版人员使用截屏软件(如 Snagit)进行截图。

7.软件测试

软件本地化项目在正式提交之前,需要对软件的各项功能进行测试,确保运行正常。软件测试主要包括国际化能力测试、软件功能测试、用户界面缺陷检查和语言缺陷检查。国际

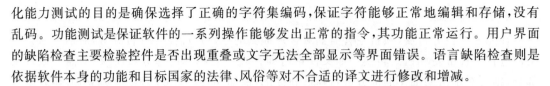

化能力测试的目的是确保选择了正确的字符集编码，保证字符能够正常地编辑和存储，没有乱码。功能测试是保证软件的一系列操作能够发出正常的指令，其功能正常运行。用户界面的缺陷检查主要检验控件是否出现重叠或文字无法全部显示等界面错误。语言缺陷检查则是依据软件本身的功能和目标国家的法律、风俗等对不合适的译文进行修改和增减。

8. 项目收尾

在达到一系列要求后，本地化项目进入收尾阶段，该阶段最主要的任务是项目的提交。按照客户的需求，在规定的时间内以规定的方式提交项目成果供客户检查。如果客户发现问题，项目就需要进一步的改进；如果客户认可就可以进行项目的验收。通过验收的项目，一般都会由管理人员归档备份，同时可以作为将来类似任务的参考。项目团队一般还会对项目的终始情况进行问题的汇总和归纳，对问题的解决方法进行分析，为项目参与人员提供经验总结的平台。

三、本地化软件工具

1. SDL Passolo

SDL Passolo 是软件本地化中常用的软件之一，也是当今世界上使用最为广泛的本地化软件之一，其版本包括专业版、协作版和译员版。它支持多种文件格式：可执行文件、资源文件和基于 XML 的文件。Passolo 结合了 Visual Localize 和 Language Localizator 二者的功能，并且性能稳定、易于使用，用户不需要丰富的编程经验。在本地化的过程中可能发生的许多错误也都能由 Passolo 识别或自动纠正。SDL Passolo 的项目文件格式为 LPU，支持翻译记忆和模糊匹配技术，并使译员能够在可视化的编辑环境中工作。由于可以直观地浏览上下文，因此其可实现最佳的翻译质量。

"所见即所得"编辑器所显示的软件菜单和对话框与软件运行时所显示的完全相同，因此不要求译员具备技术或编程经验，而且无须担心环境代码受到影响，如图 9.8 所示。

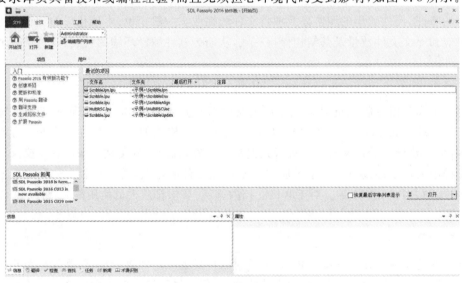

图 9.8　Passolo 主界面

2. Alchemy Catalyst

全球 80% 的大型软件公司都使用 Alchemy Catalyst 来进行产品本地化,其支持 VC、VB. NET、文本等软件的本地化,对于常见的 EXE、DLL、OCX、RC、XML 等文件格式都能提供很好的支持。项目以资源树的方式显现;与 LocStudio 一样也支持"伪翻译";支持 RC 文档的可视化编辑;可以在不建立项目的情况下直接对某个资源文件进行操作;支持利用字典自动翻译,提供外挂字典功能;可修改图片及图片组;可以自如地建立、维护、导入、导出字典文件;对于新版本软件中的文件可以快速更新翻译。如图 9.9 所示。

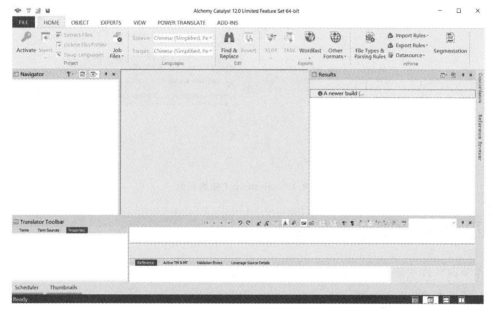

图 9.9 Alchemy Catalyst 主界面

3. Sisulizer

Sisulizer 是由德国 Sisulizer 公司出品的一款方便实用、功能强大的软件本地化工具。它能够将英文软件汉化,同时支持其他外语软件汉化。另外 Sisulizer 为软件提供多种语言支持,三个步骤即可进行本地化:扫描应用程序和定位文本;使用 Sisulizer 可视化编辑工具翻译文本;创建本地化软件版本。

Sisulizer 4 新增支持新平台 iOS、Android、FireMonkey、Delphi XE7 64 位和改善对 . NET的支持。它配备了许多新的功能,如内置的翻译记忆编辑器、HTML 预览。可帮助软件开发人员翻译字符串或字符串资源 Delphi、C♯、VB. NET、C++、C、Java、HTML、ASP、PHP、Javascript、Silverlight、XML、Visual Basic、Databases、HTML Help 等多种格式。如图 9.10 所示。

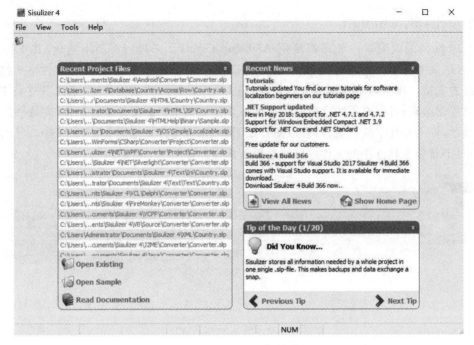

图 9.10　Sisulizer 4 初始界面

四、本地化项目操作实例

本节以软件本地化和视频字幕本地化为例对本地化项目的操作进行具体说明。

1.软件本地化

本节使用 SDL Passolo 2016 协作版进行本地化操作演示，对象为一个较小的软件程序——Hash 文件信息查看器，其原始界面如图 9.11 所示。

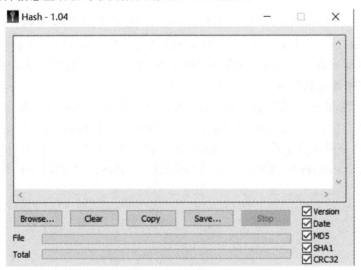

图 9.11　Hash 程序英文界面

安装完 Passolo 之后,打开主页,选择[新建]。

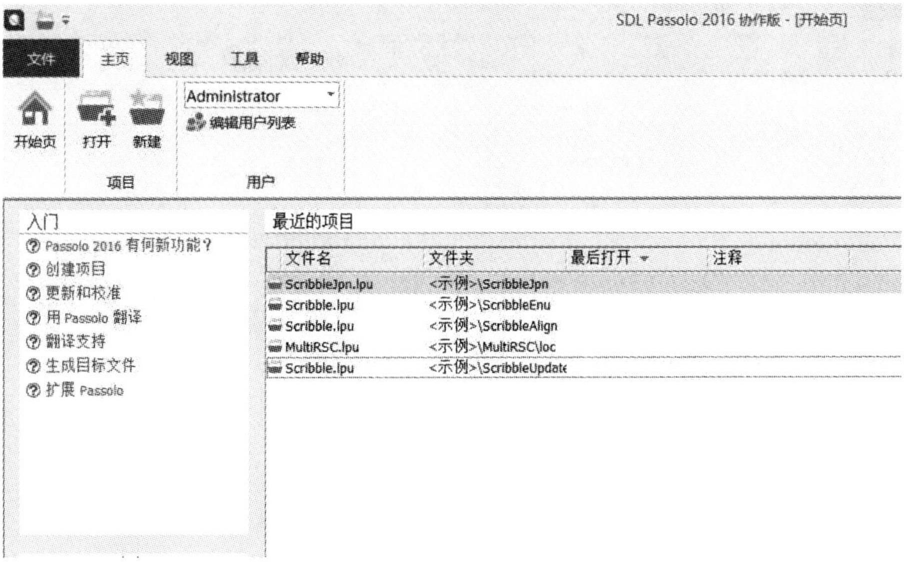

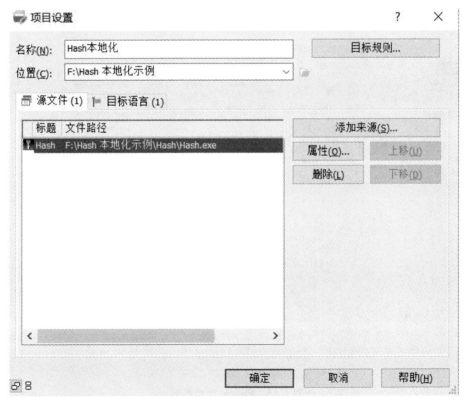

图 9.12　Passolo 主界面

在项目设置中进行项目名称的命名、文件位置存储路径的选择、源语言和目标语言的设定。本项目中,源语言是英文,目标语言选择中文。

图 9.13　Passolo 项目设置界面

项目文件生成之后,在目标文件列表中点击[打开字符串列表]。

图 9.14　Passolo 主页界面

　　在资源界面中，可以选择需要本地化的内容。为了更加直观地翻译，Passolo 可以采取可视化的翻译方式，在视图选项卡中选择［显示资源］即可获取软件的资源界面，进而在翻译编辑区进行翻译。需要注意的是，软件本身包括许多热键，因此需要遵循一定的格式规范，例如"C&lear"的翻译，热键字母"L"需要大写，"&L"需要用半角括号括起来放在中文之后。再如"&Browse..."后面的省略号在中文后仍保持英文格式。

图 9.15　Passolo 视图界面

　　在翻译完成以后，对翻译的内容进行检查验证，如果出现字符显示不全的问题，可以在资源界面中进行拖动编辑,最终生成目标文件。

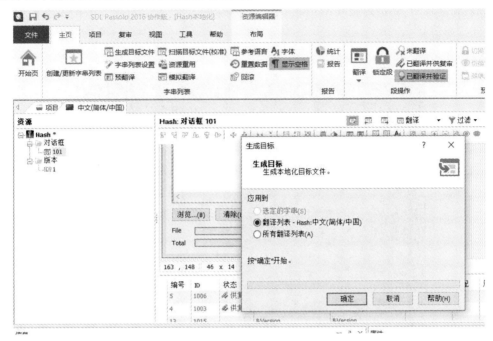

图 9.16　Passolo 主页生成目标界面

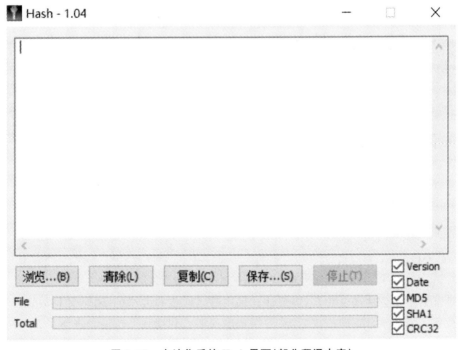

图 9.17　本地化后的 Hash 界面(部分翻译内容)

2.视频字幕本地化

　　视频本地化主要包括字幕本地化和音频本地化,本节仅讨论字幕本地化。作为一款视频编辑软件,Premiere 拥有十分强大的视频剪辑、处理、特效等功能。在视频编辑界面,可以通过创建字幕层添加翻译字幕。

新建视频项目,根据视频格式和要求对新建序列进行设置。对于在中国大陆地区播放的视频,一般选择 DV-PAL 制。

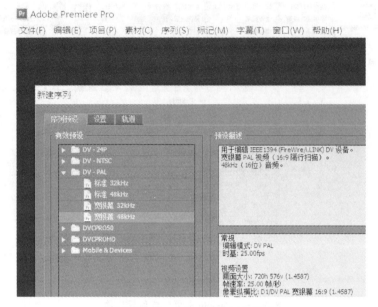

图 9.18　Premiere 新建序列界面

在信息面板中导入需要添加字幕的视频原文件并添加到源面板和监控面板中。

图 9.19　Premiere 项目编辑界面(1)

在字幕菜单中创建译文字幕,需要注意采用适当样式和大小的字体,并且放置在视频中适当的位置。译文字幕编辑完成后,将各字幕序列加入到视频 2 轨道。将译文加入到序列 2 后,需要使译文字幕的显示时间与画面、音频保持一致,如果译文太长,需要依据原文进行适当的删减,或者进行语序的调整。

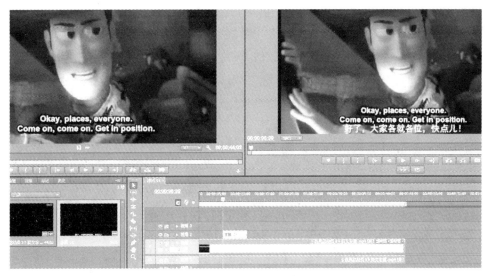

图 9.20 Premiere 项目编辑界面(2)

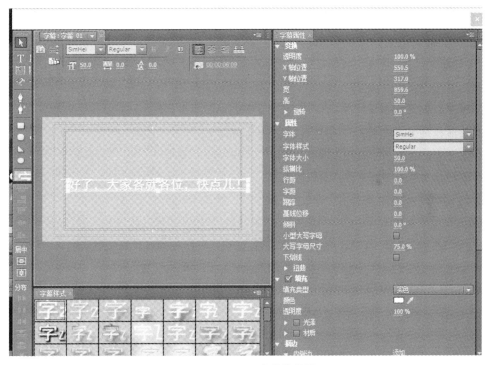

图 9.21 Premiere 字幕编辑界面

全部译文字幕添加并调整后,可以在"文件"菜单中选择[导出]→[媒体]。在"导出设置"对话框进行设置之后即可导出。

图 9.22 视频字幕本地化后界面

练习题

1. 简述本地化的概念。
2. 本地化项目分为哪几个阶段？其流程有哪些？
3. 如何理解翻译和本地化之间的异同？
4. 本地化常用的软件工具包括哪些？

第十章 计算机辅助翻译质量保证

质量保证(QA)是计算机辅助翻译软件(CAT tool)中必不可少的一个功能模块,通过译中和译后查错、改错等,能有效保证译文质量。除此之外,也有专门进行译文质量检查的质量保证软件(QA tool),例如 ApSIC Xbench。本章主要讲解质量保证的概念、内容、操作,并简要讲解 ApSIC Xbench 3.0 的安装与应用。

质量是产品和服务的生命。翻译作为一种语言服务,译文质量至关重要。劣质翻译将导致诸如产品召回、合同歧义、法律纠纷、操作失误等一系列问题。为确保翻译质量,每款 CAT 软件都集成了质量保证功能。ISO 9000 将质量保证定义为"质量保证是质量管理的一部分,致力于增强满足质量要求的能力,即质量保证是为了提供足够的信任表明实体能够满足质量的要求"。具体来说,CAT 软件中的质量保证就是通过执行一组动态标准和程序确保译文没有错误或查出存在的错误(某些 CAT 软件的质量保证功能可以改正查出的错误)。

具体翻译质量标准可以参照《翻译服务译文质量要求》(GB/T 19682-2005)等国家标准,也可以参照本地化行业标准协会(LISA)制定的 LISA QA Model,国际标准化组织(ISO)发布的《翻译项目——通用指南》(ISO/TS 11669)等行业标准。

一、计算机辅助翻译质量保证的范围

译文质量包括内容与格式两个方面要求,即语言质量与格式质量。语言质量包括准确性、完整性、一致性、有无漏译等;格式质量包括标记符、标点、符号、数字、空格、字体、版式等。

计算机辅助翻译质量保证有广义和狭义之分。广义的计算机辅助翻译质量保证涵盖译前、译中、译后的每个阶段。译前包括术语提取与翻译、重复句段提取与翻译、翻译风格确定等;译中包括质量保证的实时检查、审校员审校等;译后包括一致性检查,尤其是协作翻译的译文一致性检查、格式检查、功能测试等。狭义的计算机辅助翻译质量保证主要是利用 CAT 软件的质量保证功能在译中、译后对译文的检查,包括标点、符号、数字、空格、标记符、术语、禁用词、一致性、句段长度等。

本章将主要探讨狭义的计算机辅助翻译质量保证,即 CAT 软件中质量保证功能的具体应用。

二、计算机辅助翻译质量保证技术与常用工具

每款计算机辅助翻译软件都有质量保证功能,既可以在翻译时实时检查(即自动检查),也可以在翻译结束之后进行集中检查(即手工启动检查);既可以进行批量检查,也可以进行专项检查。检查出来的错误往往依据严重程度进行分级,例如错误、警告等。

下面以 SDL Trados Studio 2014 SP2 的质量保证功能为例,介绍 CAT 软件中质量保证功能的具体应用。

默认"验证"（质量保证）设置位于"选项"对话框中，如图 10.1 所示。启动 SDL Trados Studio 2014 SP2 之后，点击［文件］→［选项］，在弹出窗口中点击［验证］。新建项目或执行翻译单个文档命令开始新翻译时，将使用这些默认设置。

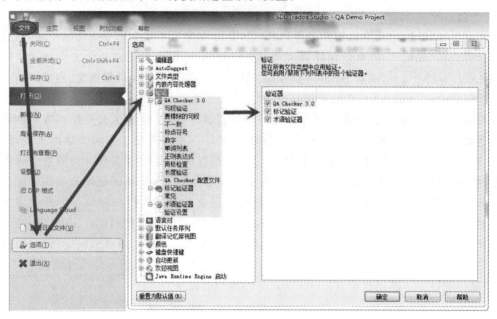

图 10.1　默认"验证"设置

活动项目与活动文档中的"验证"设置位于"项目设置"对话框中，如图 10.2 所示。可以在任何视图下选择［主页］→配置组中的［项目设置］，在弹出窗口中选择［验证］。

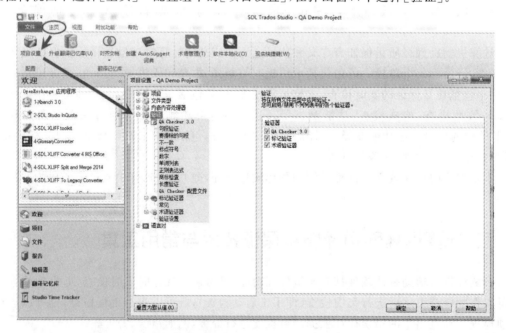

图 10.2　活动项目与活动文档的"验证"设置

在"验证"中可以看到 3 个验证器：QA Checker 3.0、标记验证器、术语验证器。从图中可以看出 QA Checker 3.0 主要用于进行标点符号和语法检查,具体检查内容如图 10.3 所示。

名称	说明
句段验证	检查源句段和译文句段,例如,整体长度差别。
不一致	检查是否存在不一致或重复翻译。
标点符号	包括多种标点符号检查。
数字	检查数字、日期和时间的翻译
单词列表	包括禁用词汇和纠正。
正则表达式	检查是否存在某些特定的正则表达式(词汇模板)。
商标检查	检查商标是否翻译。
长度验证	检查文件是否太长。
QA Checker 配置文件	使用此选项保存、切换和共享 QA Checker 配置文件。配置文件包含 QA Check 3.0 设置的所有页面中指定的设置。

图 10.3　QA Checker 3.0 检查的内容

标记即格式码,用于保持原文档格式,翻译时需要保留在译文中,不能缺漏。标记验证器检查的内容如图 10.4 所示。

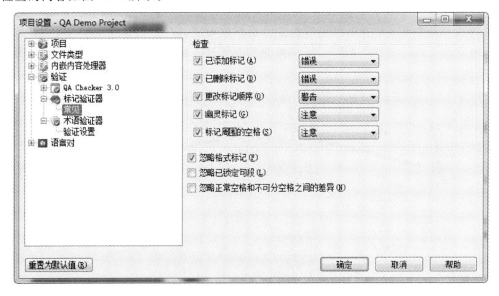

图 10.4　标记验证器检查的内容

术语对于翻译质量至关重要。多人协作翻译项目中更需要保持术语的一致性。使用术语验证器可以验证是否使用了术语库中的术语以及是否使用了禁用术语,具体验证内容如图 10.5 所示。

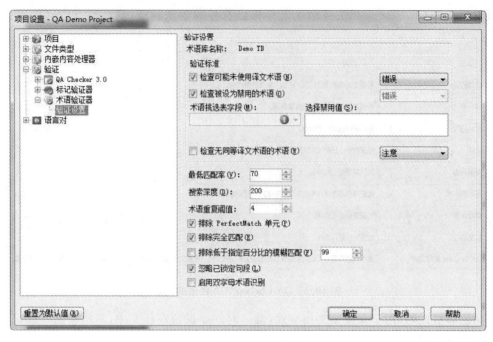

图 10.5　术语验证器检查的内容

3 个验证器中某些检查项目可以按照错误严重程度，设为"错误""警告""注意"3 个级别，如图 10.6 所示。其中"错误"是必须处理即必须改正的问题，否则不能导出译文或影响译文质量。

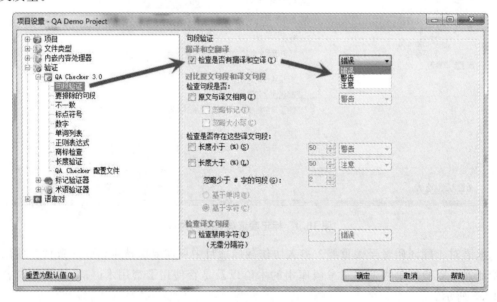

图 10.6　三种错误严重级别设置

设置验证器中的检查内容之后，每当在编辑器视图中确认翻译时，验证器就会自动对该句段执行验证。例如当确认第 8 个句段的翻译之后，中间的句段状态栏中出现一个红色的叉号。同时，翻译结果窗口下方的消息标签显示为"消息（1）"，表示出现 1 处错误，如图 10.7 所示。

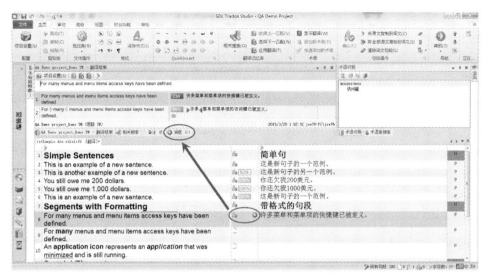

图 10.7　编辑器视图中译文错误提示信息

把光标放到句段状态栏中红色叉号图标上时,会看到错误的详情信息,包括错误级别和错误内容。打开消息窗口,也可以看到错误的详细信息,包括严重级别、错误内容、验证器名称、文档名称,如图 10.8 所示。

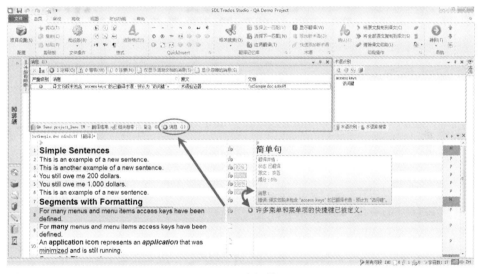

图 10.8　术语错误

单击消息窗口中的错误信息,就可以直接跳转到该错误所在的句段。直接修改译文中的错误,即将"快捷键"改为"访问键",然后再次确认句段,错误提示图标就消失了。

确认第 9 个句段的翻译之后,句段状态栏也出现一个红色的叉号。消息窗口中显示译文中的"标记对'＜cf bold＝'on'＞＜/cf＞'已删除"。原因是,原文句段中的"many"是粗体,而对应的译文"许多"却没有加粗。在译文中选中"许多"并将其加粗,再次确认翻译,错误提示图标消失。第 10 个句段确认翻译后,也出现一个红色的叉号,问题与第 9 个句段相似。第 10 个句段的原文中有粗体、斜体加粗、下划线等格式,需要将对应的译文改为相同的格式。通过点击[主页]→[格式],可以快速完成 3 种格式的修改。这两个句段的错误信息、格式组内容，如图 10.9 所示。

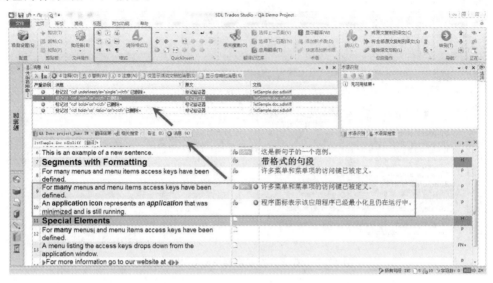

图 10.9　标记错误

以上是在翻译的过程中，每确认一个句段的翻译便自动执行的译文检查。也可以在翻译结束之后，尤其是在团队协作翻译的译文合成之后，批量进行译文质量验证。

选择［审校］→［质量保证］→［验证］，或直接按 F8，进行译文批量检查。检查的结果如图 10.10 所示。

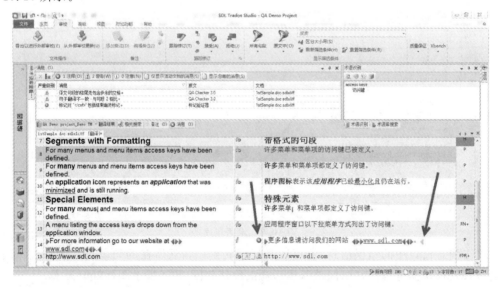

图 10.10　批量译文检查结果

从上图可以看出，共检查出 3 处错误，包括空格多余、句子翻译不一致、幽灵标记。幽灵标记是在句段含有不完整的标记对时自动添加至该句段的标记。如果删除了标记对中的一个标记，系统将自动显示幽灵标记，直到重新插入缺失的标记。幽灵标记仅出现在标记对中，因为只有标记对才需要开始和结束标记以便正确工作。幽灵标记看起来像普通标记的灰色版本。幽灵标记不能编辑。

空格多余、句子翻译不一致的问题容易解决。恢复幽灵标记需要先定位并选定它,在菜单栏上点击[高级]→[恢复标记],或者单击右键并从快捷菜单中选择[恢复标记]即可。

除了 CAT 软件中的质量保证功能之外,还有专门用于译文质量检查的软件,例如ApSIC Xbench、QA Distiller、ErrorSpy、MultiQA、CheckMate、Verifika 等。这些软件均支持多种 CAT 文件格式并设置了多种译文检查项目,能有效提升译文质量。

三、ApSIC Xbench 在译文质量保证上的应用

ApSIC Xbench 是西班牙 ApSIC 公司开发的一款译文质量检查软件,主要有 3 大用途:

(1)双语术语搜索。不仅可按原文和/或译文搜索,而且可以采用"简单""正则表达式"和"MS Word 通配符"3 种搜索方法,搜索方式又分为"标准搜索"和"强力搜索"两种。支持的双语对照文件格式多达数十种。

(2)翻译质量保证。在 ApSIC Xbench 项目中将当前的翻译文件定义为"正在进行的翻译(Ongoing Translation)",即可进行一系列质量保证检查,检查的内容较 CAT 软件的质量保证功能更多、更细。

(3)双语语料转换。可将其他双语对照文件转换为 TMX 格式的翻译记忆库文件以导入其他计算机辅助翻译软件中使用,或转换为制表符分隔的文件以便整理句子。

(一)ApSIC Xbench 的质量保证功能

在 ApSIC Xbench 项目中可以执行以下质量保证检查任务:
- 查找未翻译句段。
- 查找原文相同、译文不同的句段。
- 查找译文相同、原文不同的句段。
- 查找原文与译文相同的句段(可能是未翻译句段)。
- 查找不匹配标记。
- 查找不匹配数字。
- 查找不匹配网址。
- 查找不匹配字母数字。
- 查找未配对符号(即未配对的圆括号、方括号或花括号)。
- 查找双重空白。
- 查找重复词语。
- 查找译文中没有匹配的原文中全大写词和原文中没有匹配的译文中全大写词。
- 查找译文中没有匹配的原文中驼峰拼写词和原文中没有匹配的译文中驼峰拼写词("驼峰拼写"是电脑编写计算机程序时的一套命名规则)。
- 查找不匹配关键术语。
- 执行用户自定义的检查项。
- 检查译文拼写(需要通过[Tools]→[Spell-Checking Dictionaries],下载该语言词典)。

（二）ApSIC Xbench 的安装与应用

1. ApSIC Xbench 的安装

官网（www. xbench. net/index. php/download）提供两个版本的 ApSIC Xbench 安装程序，2.9 及以前的版本免费使用，3.0 及以后的版本按年收费（30 天免费试用）。ApSIC Xbench 3.0 又分为 32 位版和 64 位版。32 位版可以安装到 32 位或 64 位操作系统中，但 64 位版只能安装到 64 位操作系统中。ApSIC Xbench 目前支持 Windows XP、Windows Vista、Windows 7、Windows 8、Windows 10 等操作系统。

根据操作系统情况可以下载 ApSIC Xbench 3.0 最新版，或 ApSIC Xbench 2.9 免费版。解压之后，双击安装程序，按照安装向导，如图 10.11 所示，操作即可成功安装。2.9 版和3.0 版可以安装到同一个操作系统中。

图 10.11　ApSIC Xbench 3.0 安装向导

安装完成之后，双击桌面上的快捷图标即可启动 ApSIC Xbench，如图 10.12 所示。

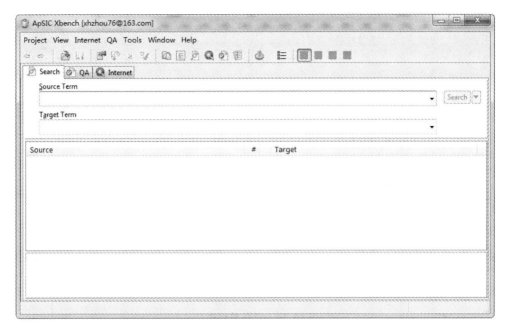

图 10.12 ApSIC Xbench 3.0 运行界面

可以打开菜单栏中的[Tools]→[Settings]，设置软件运行环境。包括"Layout & Hotkeys"
"Colors""Internet""Miscellaneous""Text Editor""TMX Editor"等，如图 10.13 所示。

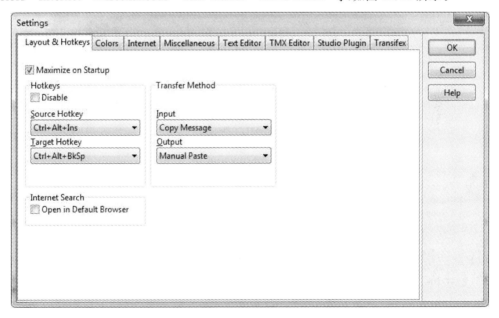

图 10.13 ApSIC Xbench 3.0 的设置界面

2. ApSIC Xbench 的应用

这里以 ApSIC Xbench 3.0 版为例，主要讲解 ApSIC Xbench 质量保证功能的使用。启
动 ApSIC Xbench 3.0，在启动后的界面窗口中单击菜单栏上的[Project]→[New]。

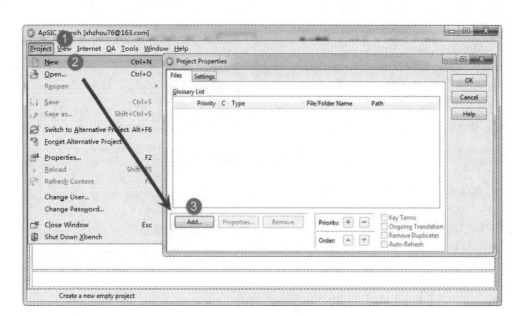

图 10.14 项目属性窗口

在弹出的"Project Properties"窗口中单击［Add］，在新弹出的"File Type"窗口中选择要添加的项目文件类型，例如选择"Trados Studio File"，然后点击［Next］。

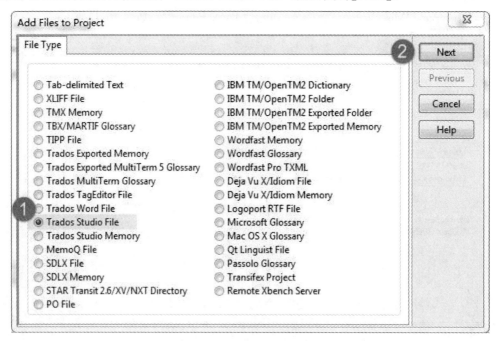

图 10.15 项目文件类型窗口

在"File List"窗口添加文件或文件夹，这里添加一份 SDL Trados 双语文件 1stSample. doc. sdlxliff，然后点［Next］。

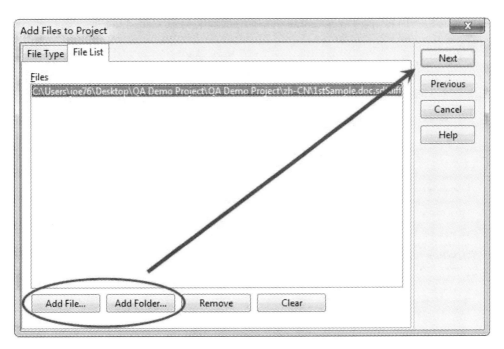

图 10.16　项目文件列表窗口

在"Properties"窗口，设置新添加的项目文件的属性，例如优先级等，但务必选择
"Ongoing translation"。这对于新旧术语判定、术语翻译选择都很重要。

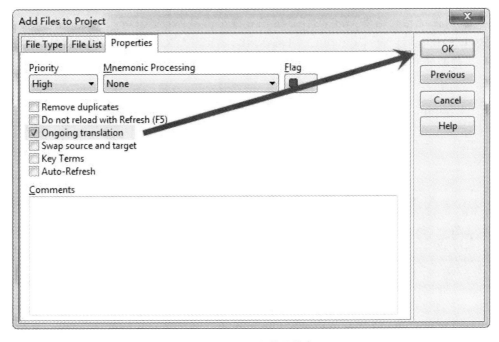

图 10.17　项目文件属性窗口

点击[OK]退出，ApSIC Xbench 将导入新添加的项目文件。这时打开主窗口中的 QA
选项卡。在"Check Group"（检查字组）和"List of Checks"（检查列表）中选定检查。默认已

经选中所有的检查内容，但 Target same as Source(译文与原文相同)除外。

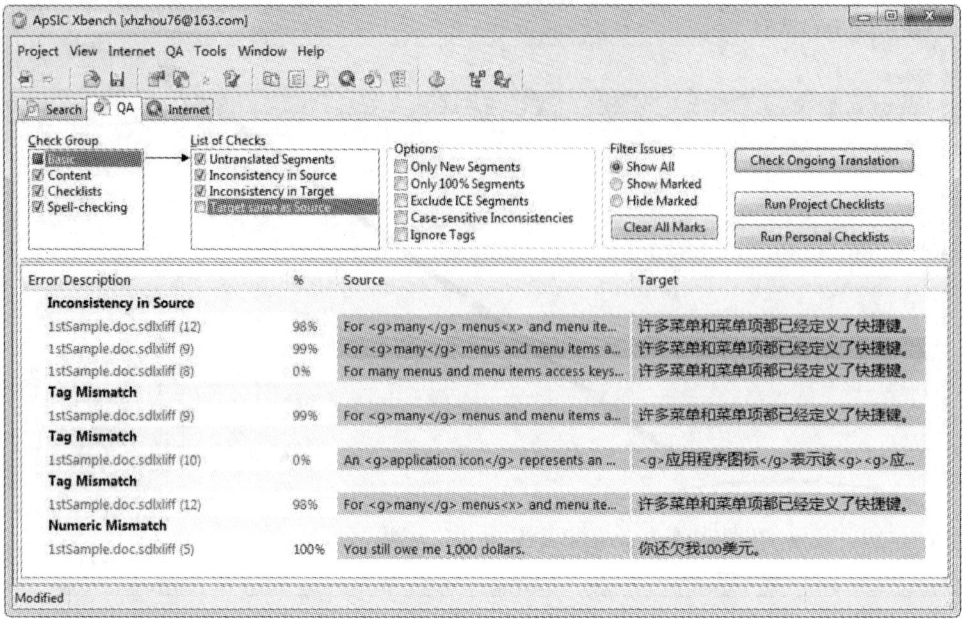

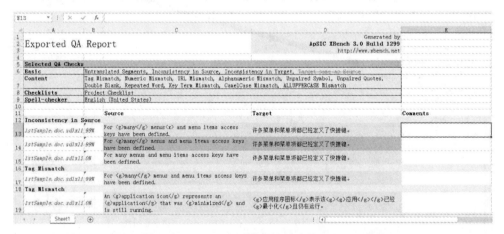

图 10.18 ApSIC Xbench 的质量保证检查

可以选择只进行"项目检查表"中定义的搜索，单击页面右边的[Run Projects Checklists]即可。还可以选择[Run Personal Checklists]，只进行个人检查表定义的搜索。

在"质量保证检查结果"所在的任意区域右键单击鼠标，选择[导出 QA 结果]导出为下列格式：HTML、制表符分隔文本、Excel 或 XML。"导出 QA 结果"命令只导出显示的问题，不会导出隐藏的问题。如图 10.19 是 Excel 格式的质量保证导出结果。

图 10.19 ApSIC Xbench 质量保证检查结果(Excel 格式)

质量保证检查结果显示在 QA 选项卡的正文中。对于某些文件格式，可以在显示句段位置直接从 ApSIC Xbench 中打开文件，通过选择[Tools]→[Edit Source]或按 Ctrl＋E，对该错误进行修改。

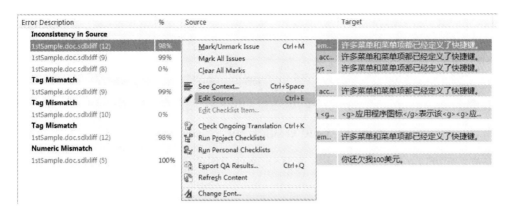

图 10.20 根据质量保证检查结果选择编辑原文

上图第一个错误显示的是第 12 个句段，执行"Edit Source"之后，就直接启动/转到了 SDL Trados Studio 2014 SP2 的编辑器视图，并定位到提示错误的句段。

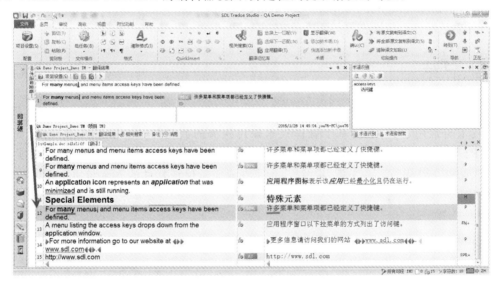

图 10.21 通过质量保证检查结果定位需要修改的原文

如图 10.18 所示，还可以通过选取不同的"Options"对质量保证结果进行筛选。这里的选项有：Only New Segments（仅新句段）、Only 100% Segments（仅 100% 匹配的句段）、Exclude ICE Segments（不含 ICE 段）、Case-sensitive Inconsistencies（区分大小写不一致）、Ignore Tags（忽略标记）。如果选择"忽略标记"，质量保证检查就能忽略句段内的标记内容。这方便查找具有相同原文或译文但嵌入标记不同的译文不一致问题。

3. ApSIC Xbench 的 SDL Trados Studio 插件的应用

ApSIC Xbench 3.0 还为 SDL Trados Studio 2014/2015/2017/2019 提供了插件，即 ApSIC Xbench Plugin for SDL Trados Studio 2014-Build 14，如图 10.22 所示。

图 10.22　ApSIC Xbench 的 SDL Trados Studio 插件

安装之后可以在项目视图的主页选项卡、文件视图的主页选项卡、编辑器视图的审校选项卡中看到该插件。

该插件主要提供两方面的便利：一是可以直接在 SDL Trados Studio 中创建 Xbench 项目，并能自动搜集原项目信息，然后自动打开 Xbench，继而可以很方便地对 SDL Trados Studio 中正在处理的文件进行质量检查；二是可以在 Xbench 中出现错误的句段上直接右键选择［编辑原文］或使用快捷键 Ctrl＋E，直接跳转到 SDL Trados Studio 编辑器视图中对应的句段，在原翻译项目环境下修改出现的错误。

具体质量保证功能操作与前面类似，不再赘述。

四、总结

译文质量保证(QA)应该贯穿翻译项目的始终。本章简要介绍了质量保证的基本概念、范围、技术与常用工具，主要基于翻译技术探讨狭义的质量保证。以 SDL Trados Studio 2014 SP2 中的质量保证功能为例，讲解、演示了计算机辅助翻译软件中的质量保证功能的应用。以 ApSIC Xbench 3.0 为例，讲解、演示了专业质量保证软件的安装与质量保证功能的具体应用。

练习题

1. 请列举生活中发现的译文质量低劣的 5 个实例。
2. 请分析讨论影响译文质量的因素有哪些。
3. 请比较 ApSIC Xbench 与 SDL Trados Studio 2014 在质量保证功能上的异同。

第十一章　计算机辅助翻译项目
管理系统与案例分析

由于翻译客户类型的多样性、项目要求的差异性、翻译内容的专业性、翻译质量的高要求、交付时间的压力，翻译服务供应商面临较大挑战。在这样的翻译市场环境下，翻译公司内部的翻译工作不是一个人可以独立完成的，而是要不同技能的人员组成项目团队共同完成，并且积极应用翻译项目管理系统与计算机辅助翻译工具，加强翻译项目管理。

本章将先简要介绍翻译项目的特点和翻译项目的实施流程，然后介绍翻译管理系统（Translation Management System，TMS）的概念和作用、常见 TMS 的基本功能，最后以一个翻译项目为例，论述计算机辅助翻译工具在翻译项目中的实际应用。

一、翻译项目简介

项目是翻译服务供应商的基本运营单位，翻译公司以项目为核心开展工作。那么，什么是项目？什么是翻译项目管理？翻译项目有哪些特征？下面对这些问题进行介绍。

1. 翻译项目与翻译项目管理的概念

项目管理协会（PMI）给出的项目的定义是：为创造独特的产品、服务或成果而进行的临时性工作。这个定义十分简略，可以进一步扩展为：项目是指一系列独特的、复杂的并相互关联的活动，这些活动有着一个明确的目标或目的，必须在特定的时间、预算、资源限定内，依据规范完成。

为了顺利完成项目，需要进行项目管理。项目管理协会（PMI）定义的项目管理为：在项目活动中运用专门的知识、技能、工具和方法，使项目能够在有限资源限定条件下，实现或超过设定的需求和期望。

项目和项目管理适用于各个不同的行业，翻译行业同样需要项目管理。可以把翻译项目定义为：为提供独特的翻译服务而进行的临时性工作。翻译项目管理是根据翻译项目的特征和要求，运用翻译领域的知识、技能、工具和方法，使翻译项目在有限资源条件下，实现设定需求的实践活动。

2. 翻译项目的基本特征

随着经济全球化和信息技术的发展，翻译市场和需求快速发展、增长，翻译的对象、方式、质量都发生了很大变化。翻译的项目化实施是适应翻译专业化和市场化的要求。当代翻译项目的基本特征如下：

（1）翻译项目规模化和协作化。全球化和信息化时代，知识爆炸、信息量激增、市场竞争加剧，原来单一的业务类型趋向复杂化。诸如国际贸易、国际工程、国际会展、软件本地化等大型项目，涉及多个国家、多个部门、多个语种、多种类型，单靠单兵作战的翻译模式无法完成，必须转向团队协作，提高项目整体效率。以 Microsoft Windows 操作系统本地化项目为例，Windows 7 需要发布 95 种语言的软件，Windows 8 可以支持的语言总数增加到了 109 种。这样庞大的

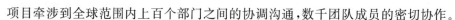

项目牵涉到全球范围内上百个部门之间的协调沟通，数千团队成员的密切协作。

（2）翻译对象和题材多元化、专业性高。翻译领域和业务类型的变化，导致翻译对象呈现多元化。以本地化翻译为例，除了文档本地化翻译之外，还有软件本地化翻译、网站本地化翻译、多媒体本地化翻译、影视翻译、课件本地化、游戏本地化等。需要翻译的文件类型包括声音文件、图形文件、视频文件、程序文件、数据库文件等。翻译的题材发生了变化，科技经贸题材的翻译成为主流，文学翻译的比例逐渐降低。根据中国翻译协会 2018 年 11 月发布的《2018 中国语言服务行业发展报告》，企业翻译业务中，法律合同、化工能源、机械制造和建筑矿业领域业务最多。随着翻译对象和题材的多元化和专业化，熟悉翻译行业和特定专业，是做好翻译项目的基础。

（3）翻译项目的流程化。从全球化产品（例如软件和网站等产品）的整个寿命周期来看，产品需要经过需求分析、国际化设计、本地化实施、发布与维护等过程。本地化是其中的过程之一，翻译是产品本地化的一个环节而已。仅就翻译流程来看，需要经过启动阶段、计划阶段、执行阶段和收尾阶段。不同的阶段又可能涉及多个部门和团队的协作。在整个项目运营层面，大型公司已经部署企业全球化信息管理系统（GMS），将内容管理系统、翻译管理系统，以及企业内部其他资源整合在一起，项目管理者只需要定制工作流，系统自动引导每个流程，直至完成项目。

（4）翻译行业标准化。为了提高翻译服务能力、提高翻译项目实施效率，翻译服务的标准化势在必行。翻译服务的标准不能仅仅针对语言和文本层面，还需考虑语言服务产品的各个要素、产品生产规格、产品生产过程以及结果等。ISO 17010 是国际标准化组织发布的翻译服务流程标准。欧洲统一的翻译服务标准 EN 15038:2006、美国 ASTM F2575-06 翻译质量保证标准指南、加拿大的 CAN/CGSB-131.10-2008 国家服务标准等陆续出台。LISA（Localization Industry Standards Association）根据行业发展需求，陆续制定了诸如 TMX、TBX、SRX、GMX、TBX Link 等行业标准。自 2003 年以来，中国陆续出台了《翻译服务规范（第 1 部分）：笔译》《翻译服务译文质量要求》《翻译服务规范（第 2 部分）：口译》等标准。中国译协本地化服务委员会发布了《本地化业务基本术语》《本地化服务报价规范》和《本地化供应商选择规范》。

（5）大量应用翻译技术与工具。随着信息技术、人工智能、自然语言处理等技术的发展，翻译技术突飞猛进，翻译系统功能不断改善，语言服务行业生产力不断提高，传统的手工模式以及落后的生产工具即将迅速被信息技术的洪流淹没。在源文档创作过程中，涉及技术写作、术语管理、文档管理、源文质量控制等专业工具；在翻译前处理过程中，涉及反编译工具、文件格式转换工具、批量查找和替换工具、项目文件分析工具、字数统计和计时工具、报价工具等；在整个翻译过程中，涉及项目管理工具、辅助翻译和机器翻译工具、术语提取和识别工具、多种电子词典工具、平行语料库工具、搜索引擎工具等；在项目后处理过程中，涉及质量检查、编译、排版、测试和发布等多种复杂的工具。

翻译项目的以上特点决定了实施翻译项目需要加强项目管理，明确项目范围和要求，制订项目计划，组建项目团队，加强流程管理、进度跟踪、质量管理、成本管理和风险管理，加强信息交流，通过流程、技术与人员的协调配合，实现翻译项目的目标。

二、翻译项目的实施流程

翻译项目经常以外包的方式实施,将翻译项目外包的机构称为"客户(Client)",承担翻译项目实施和交付的机构称为"翻译服务提供商(Translation Service Provider,TSP)"。客户方和翻译服务提供商需要紧密合作才能顺利完成翻译项目。其中翻译服务提供商是完成翻译项目的主要方面。

根据翻译项目的实施过程,通常将翻译项目分为翻译准备阶段、翻译实施阶段和翻译交付阶段。下面主要从语言服务提供商的角度,分析这 3 个阶段的翻译项目的实施流程。为了论述方便,下文将"语言服务提供商"简称为"翻译公司"。

(一)翻译准备阶段

在翻译准备阶段,翻译公司需要分析客户的翻译项目的要求,确定是否可以承接此项目。如果可以承接,需要准备报价,然后与客户签署服务协议。

1.分析需求与可行性

翻译公司分析客户对翻译项目的需求,明确客户对翻译服务和翻译公司能力的要求,确定是否具有所需的人力资源和技术资源。

2.报价

翻译公司向客户提交项目的报价,包括服务价格、交付日期、交付文件的格式和方式(电子文件或者打印装订的文件)。

3.签订协议

翻译公司与客户签订合作协议,可以通过邮递,发送电子邮件、传真等方式。协议中包含商业服务条款和项目的规格要求,作为项目实施和交付的重要依据。

4.处理项目相关的客户信息

翻译公司就源语言内容和项目规格要求中存在的疑问与客户交流,获得实施项目需要的附加信息,并且将这些信息传达给参与此项目的各方。翻译公司需要确保这些信息的安全并保密。

5.项目准备

翻译公司的项目准备涉及管理、技术和语言 3 个方面的工作。收到客户发来的源语言内容后,翻译公司需要检查内容是否与签订的协议以及项目的规格要求一致,如果不一致,需要向客户澄清。

(1)管理工作。项目准备阶段的管理工作包括项目的注册和任务分派。项目的注册是记录项目的基本信息,例如项目编号、项目名称、起始日期等,便于识别和跟踪项目的实施状态;项目的任务分派是根据签订的协议和项目规格要求,按内部和外部资源安排项目的具体任务,所有分派的任务都要做好文档记录。

(2)技术工作。项目准备阶段的技术工作包括技术资源和预翻译。技术资源是指项目流程中要求的翻译工具和语言资产(翻译记忆库、术语库、翻译风格指南等),确保项目实施各阶段所需的这些技术资源可以获取和应用；预翻译包括源文件的格式转换，使用翻译记忆库重用以前的译文，源文件内容分析与字数统计，收集翻译所需的参考材料等。

（3）语言工作。语言工作包括了解客户的翻译风格指南，了解目标语言用户的文字表达习惯，了解译文的最终用途，分析客户提供的源语言文件内容，确定如何有效地翻译，与客户协商是否提供翻译项目中所需的术语，以及术语内容更新和管理方式。

（二）翻译实施阶段

翻译公司在实施阶段要确保从始到终遵守与客户签署的协议，根据翻译的流程做好各项工作，做好项目实施阶段的项目管理。

1. 项目管理

每个翻译项目都需要一位项目经理进行管理，项目经理负责项目的各个流程，满足与客户签署的项目协议要求。项目管理工作通常包括以下内容：

- 识别关键需求和翻译项目的规格，遵守流程和规格要求。
- 监控翻译项目准备的流程。
- 安排合适的译员加入翻译项目。
- 安排合适的编辑人员加入翻译项目。
- 向翻译团队成员传达项目信息和指示。
- 监控项目确保符合与客户商定的进度。
- 监控项目确保遵守与客户签署的协议以及项目规格要求，必要时与翻译项目的团队成员以及客户及时交流。
- 管理和处理项目的反馈。
- 在将译文交付给客户之前，验证是否满足翻译服务规格要求，对交付给客户的译文给出清晰的说明。
- 交付所需要的内容。

项目管理工作也可以包含以下内容：

- 落实正确的度量和纠正措施。
- 监控确保项目没有超出商定的预算范围。
- 准备发票。
- 完成与客户商定的其他任务。

2. 翻译流程

（1）翻译。译者的译文要符合翻译项目的目的，符合目标语言和项目规格的语言传统，符合翻译项目所遵守的翻译标准。

（2）编辑。根据客户提供的源语言文件，针对译者的译文，根据客户的翻译风格指南、提供的术语文件、行业标准，以及其他参考材料，识别和修改译文。译文要符合以下具体要求：

- 保证特定行业和客户术语的准确性和一致性。
- 保证目标语言内容语义的准确性。
- 语法、拼写、标点、变音符号符合目标语言的要求。
- 词汇衔接正确。

- 注册表和语言变量等遵守客户的翻译风格指南。
- 区域处理正确,符合适用的标准。
- 格式正确。
- 符合目标用户和目标语言内容的目标。

(3)校对。如果翻译项目协议中要求校对,则交付给客户译文前需要实施校对流程。校对是对编辑过的翻译内容进行语言可读性和格式正确性检查的过程。对于校对发现的问题,翻译公司采取纠正措施进行修正。

(4)最终验证和发布。翻译公司根据项目规格要求对要交付给客户的内容进行最终验证,对于最终验证发现的问题,翻译公司采取纠正措施进行修正,确保符合客户的要求。通过验证后交付给客户,然后进入为客户开发票和督促客户付款的流程。

(三)翻译交付阶段

翻译交付阶段的主要工作是处理客户的反馈和关闭项目。

1.处理反馈

处理客户对项目满意度和要求改进之处的反馈,通过客户对项目的验收后,项目经理向团队成员分享项目的反馈信息。

2.关闭项目

完成项目文件的归档,按要求保存或者删除客户的信息。

三、翻译管理系统简介

翻译管理系统(TMS)是指将企业职能部门、项目任务、工作流程和语言技术整合为一体,可有效协调价值链上各参与方(企业内部、外部以及企业间)活动的平台。

随着市场和企业的发展,翻译项目管理规模越来越大,复杂程度越来越高,项目信息不断更新,通常涉及客户管理、译员管理、进度管理、文档管理等多种管理工作,而且经常要牵涉到多个部门之间的协作,单纯依靠项目负责人,已经无法满足项目管理的需要。翻译公司和客户企业都希望利用信息技术加强翻译项目管理,搭建翻译管理系统,支持多种文件类型和项目类型,采用统一的系统,简化项目管理、资源管理和财务管理等活动。市场需求的激增迫使翻译技术提供商把翻译工作流的某些先进技术与内容管理系统(CMS)相结合,翻译管理系统功能越来越强大,应用越来越广泛。

翻译管理系统可以分为商业翻译管理系统、开源翻译管理系统和企业自主开发的翻译管理系统。商业翻译管理系统是翻译技术工具开发商开发的,在市场上公开销售的系统;开源翻译管理系统是开源社区开发的,遵守开源软件许可协议就可以应用的系统;企业自主开发的翻译管理系统是企业根据自己的实际业务需要,组织内部团队或者外包给外部公司定制开发的系统。

目前常见的一些商用系统包括 Across Language Server、AIT Projetex、Alchemy Language Exchange、Beetext Flow、Global Link GMS、Kilgray memoQ、Language Search Engine、Lionbridge Workspace、MultiTrans Prism、Plunet、Plunet Business Manager、]project-open[、SDL TMS、SDL

Trados Synergy、SDL WorldServer、XTM、XTRF 等。规模较大的语言服务公司已经开始按照自己的需求研发自己的管理系统,如企业内部专用系统或者企业的 Vendor(服务提供商)才能使用的系统,例如 LingoNET、LanguageDirector、Lionbridge Freeway、Sajan GCMS 等。国内的有传神 TPM、朗瑞 TMS、思奇有道 TSMIS 等,很多翻译公司根据业务特点,也开发了自己专用的翻译管理系统。

从架构上来看,TMS 大致分为两种,即 C/S(Client/Server)和 B/S(Browser/Server)架构,如 Projetex 7 属于前者,XTM 属于后者。如今互联网技术发展迅猛,B/S 模式的 TMS 逐渐成熟,成为当前翻译管理系统的主流。

四、翻译管理系统的作用

TMS 旨在利用信息化技术对语言服务生产过程中的各个环节进行科学化、规范化、流程化管理。根据企业和项目特点,不同的 TMS 各有侧重,例如有些注重语言能力的处理,同 CAT 和 MT 兼容性较强;有些更注重业务流程的管控,并没有将 CAT 功能整合。

1.语言处理

翻译管理系统根据用户定制的业务规则和语言规则将需要处理的内容资源提取出来,利用已有的语言资产进行"资源重用"。例如发包方利用 SDL WorldServer 将可译资源抽取之后进行各项统计,并按照标准格式打包发给外部服务商(Vendor),不仅给语言服务提供商提供了丰富的参考、缩短了语言处理的时间,更为客户节省了一笔可观的费用。语言处理功能还可能包括源文档撰写、翻译、术语管理、审校、质量保证等模块。

2.业务评估

帮助翻译项目管理人员分析如何使用更少的成本获得更高的利润。成本控制主要包括内容分析、成本估算、资源计划、时间预算等。通常情况下,项目经理在承接翻译任务时,首先要对翻译任务的专业领域和难易程度、翻译工作量、提交时间进行整体分析,进行合理的成本估算,制订可行的价格结构方案作为对外报价的依据。在进行项目分配时,项目管理人员应合理利用现有资源组建翻译项目团队,同时在项目进行过程中,项目经理应始终严格控制成本,确保在预算范围内顺利完成项目。项目完成后,对项目进度和成本、利润进行总结,为日后其他项目的管理积累经验。

3.流程管理

TMS 实现了项目科学化、流程化、自动化的管理。根据公司和项目的特性,管理人员可以定制自己的工作流,并在项目执行的过程中,针对每一阶段的工作流程随时根据项目实际执行情况进行调整。工作流创建之后,可供后续项目使用,不必每次都重新创建,只需根据需要更改相应的设置或参数即可。语言处理环节基本的工作流包括:Translation Only(仅翻译,无编辑和校对步骤)、Translation＋Editing(翻译＋编辑)、Translation＋Editing＋Proofreading(翻译＋编辑＋校对)。

4.项目监控

项目的管理者需要在有限的资源和时间约束之下,对每一个项目进度和质量进行全面监控,实时了解项目进度情况和每个译员的工作状况,对翻译中的各个环节进行监督和控制。项目管理系统通常提供各种报表功能和数据分析报告,用户能够通过多种表格或图形直观、清晰地查看整体项目进度、单项任务完成情况、问题解决跟踪情况、人力分配、时间安排、详细的项目收益等数据信息。

5.人员管理

通过系统可以设置不同的角色,实现对项目人员的管理,包括对客户方联系人、项目经理、语言专家、专职翻译、兼职翻译、编辑、审校人员、术语专家、本地化工程师、本地化测试工程师、本地化排版人员等资源的管理。例如系统能够自定义类别对客户进行分类,能设置客户的信誉等级,并能查询任意时间段客户基本信息、项目报价、订单总额、付款情况、客户评价、客户的重要性等,从而全面了解客户。

6.沟通管理

在语言服务项目管理过程中,交流与沟通尤为重要。比如,客户与项目经理之间的交流、项目经理与服务提供商之间的跨地区沟通、项目经理与公司内部项目相关人员的交流等。TMS具备即时提醒和交流模块。比如翻译、审校、项目经理等可以轻松进行交流,可以实时对话和传输文件等,功能类似于 QQ 和微信。项目经理定制流程之后,系统自动通过email、系统消息、手机短信等手段通知具体负责人,每一环节的任务在执行端都能够得到最快的响应,有效节省了项目管理者与任务执行者之间的沟通时间,节约了整个翻译过程的管理成本。

7.财务管理

一些 TMS 自带项目的财务管理模块,有些 TMS 与企业财务管理系统有接口,可以与财务系统对接。其对项目生命周期中的财务信息和财务状况进行统计、更新和提醒。例如,统计项目实施过程中的实际成本是否超出了项目预算,列出每个项目的应收账款、项目的实际利润率,提醒项目经理及时为客户开发票,向客户申请付款;提醒项目经理向外部供应商(翻译公司和译者)及时付款;等等。

五、常用翻译管理系统介绍

翻译管理系统具有不同的类型和功能,需要根据企业业务特点和要求、技术和资金现状购买或者定制开发翻译管理系统。下面介绍翻译和本地化服务企业常用的翻译管理系统。

1. SDL WorldServer

SDL WorldServer 是一款为企业级用户设计的本地化业务协同平台系统,可以为企业提供全球信息管理所需要的协作、控制、集成和自动化等功能。

SDL WorldServer 的主要功能特点如下:

• 语言资产集中化管理:支持翻译记忆、术语管理、上下文预览。

• 兼容多种系统和格式:允许自身的翻译记忆库、术语库等语言资产以开放标准同其他内容管理系统交换,支持将项目包以各种主流格式导出,从而实现与全球供应链中的各种桌面工具(如 SDLX、最新的 SDL Trados Studio、所有支持 XLIFF 标准的第三方工具)的兼容。

• 自动化的业务流程：以可视化拖放方式创建工作流，原文或译文的更改均能实现自动保存的版本控制。

• 综合性的业务管理：收集项目数据，根据字数统计、开销和人力资源成本进行项目报价的预估，追踪项目。

• 内容集成：具有一套内容广泛的连接器和灵活的资产集成系统。

2. Lionbridge Freeway

Freeway 是 Lionbridge 公司推出的 Web 架构的语言服务协同平台。它把本地化项目的关键要素集成为单一的、随需应变的、免费的、多语言支持的 Web 应用平台。借助 Freeway，客户可以启动和跟踪翻译项目，与其项目团队协作，管理语言资产，生成企业预算和状态报告。

Translation Workspace 是 Freeway 的核心，具有强大的语言资产管理和文件本地化及审校功能，客户、翻译公司和自由译者都可以使用 Translation Workspace 完成翻译项目的文件翻译、审校和交付。其主要特点包括：

• 集成的在线翻译记忆库和术语管理，可以跨分公司、跨部门、跨产品线实时分享这些语言资产。

• 将机器翻译与翻译记忆库集成，提高了翻译效率与翻译质量。

• 与行业标准兼容，支持 TMX、XLIFF 等标准文件格式。

• 内置许多文件格式解析器，可以翻译绝大多数文件格式。

• 内置在线交流工具，可以与项目团队的人员及时在线交流。

• 在线审校本地化的内容，无须通过电子邮件和 FTP 下载文件。

3. 传神翻译流程管理（TPM）系统

传神翻译流程管理（TPM）系统是为翻译公司开发的翻译生产流程管理平台。为满足不同的客户需要，系统分为"流模式大型翻译流程管理系统（流程管理平台简版）""标准翻译流程管理系统（流程管理平台标准版）"和"翻译任务与供应商管理系统（流程管理平台专业版）"3 个不同等级，用户可以根据需求，选择适合的系统。

以标准版为例，标准版的 TPM 系统具有以下特点：

• 企业用户可根据本企业项目处理流程中的习惯用语来配置 TPM 系统中的术语。

• TPM 系统中供企业客户和译员使用的客户端支持汉语、英语、日语等多个语种，企业用户可根据需要选择客户端的语言配置。

• 客户可根据自身需要，增减系统所涉及的角色（系统已设有客户、销售人员、销售经理、客服人员、客服经理、项目总控、项目经理、译员、审校、排版人员、排版经理、质检人员、质检经理、资源经理、总经理等多个角色）。

• 客户可根据自身需要，灵活配置系统所涉及的流程（系统已设有客户下单，销售接单，销售经理审批，项目总控分配任务，项目经理派发任务，翻译、审校、排版及质检人员处理任务，向客户提交稿件等整套翻译项目处理流程，客户可以根据自己公司的情况进行调整和修改）。

4. GlobalSight

GlobalSight 是开源 TMS 的代表，用户存在多种不同的角色，每种角色所拥有的权限级

别也不同。权限越大,登录系统后所能使用的功能也就越多。系统由 6 大模块组成,分别是
"设置""数据源""指南""我的任务""我的活动"和"报告"。下方是快速链接区域,分为 3 个
部分:"设置""数据源"和"共同"。其中导航栏中的选项在快速链接中都可以找到。

GlobalSight 系统功能强大,不断更新和完善。其主要特点包括:

- 管理人员可任意定制工作流、用户权限、各种细节配置。
- 管理员增加角色,设置权限,特定用户登录后界面只有必要选项,平台操作简便。
- 职责分配具体,可以单独设置工作流管理员、客户管理等。
- 将本地化过程中需要进行的人工设置自动化,包括过滤和分词、翻译记忆利用、分析、成本核算、档案交接、电子邮件通知、商标更新、目标文件生成等。
- 一个本地化文档可对应一个或者多个工作流程。
- 完全支持使用多个语言服务供应商(LSP)的翻译过程。
- 集中化简化的翻译记忆和术语管理,包括多语言翻译记忆,用户可同时利用多个翻译记忆库。
- 翻译文件自动分段(也可以人工合并或分段),译员可以随时关闭句段,段落之间互不干扰。
- 提供问题跟踪管理,方便多人对同一段或多段提意见,增加互动和协助,方便管理和统计。
- 同时支持人工翻译和完全集成的机器翻译,可以进行机器自动预翻译。
- 支持 SDL Trados 等计算机辅助翻译工具,也支持在线翻译编辑。
- 提供数十种文件类型的转换插件,包括 Microsoft Word、PowerPoint、Excel、RTF、XML、HTML、Javascript、PHP、ASP、JSP、Java、Frame、InDesign 等。

5. Projetex

Projetex 是由 AIT 开发的一款面向翻译公司的项目管理系统,专为简化翻译公司销售流程、任务派遣、译员管理、付款和结算而设计。Projetex 可以对多个并发翻译项目进行高效管理,每个项目都可以分配给多位专职译员和自由译者,不同组合形式的项目小组都可以用统一的平台进行管理。尤其适用于目前翻译行业大部分虚拟翻译工作团队的模式。该系统整合了多个复杂项目、客户账户和自由译者账户的管理,并融入诸如开票、付款和发布可打印的工作流文档等会计核算功能。

Projetex 的主要特点如下:

- 安装简单快速。
- 自动建立项目文件夹。
- 用户可设置访问权限。
- 内置字数统计工具。
- 汇率自动转换统计。
- 项目预期成本和收益自动统计。
- 提供项目概要清单、PO 单和发票单等预置 RTF 模版,方便导出打印成纸版文件。
- 便于查看、搜索和管理项目、客户和译员的详细数据库。
- 自动生成图形化的项目进度图表。

六、计算机辅助翻译工具在项目中的应用分析

随着信息技术的快速发展，各种计算机辅助翻译工具也呈现种类多、功能强、应用广的特点。由于市场竞争的加剧，以及敏捷开发模式的兴起，翻译项目呈现语种多、更新快、文件类型多等特点。为了快速交付合格的翻译项目，必须根据项目的特点，合理选择和应用各种计算机辅助翻译工具。

下面以一个某软件产品的 Web 联机帮助文件的翻译项目为例，根据项目的要求，分析项目实施流程以及包含的任务，确定各个流程所需要的计算机辅助翻译工具在项目中的应用。

(一)项目概况

本项目是将某软件产品的联机帮助文件进行本地化，源语言是美式英语，目标语言是简体中文。

客户将项目外包给翻译公司实施。客户方提供了源语言的联机帮助编译环境文件以及编译后的联机帮助文件，同时提供了 Microsoft Excel 格式的英文和中文的术语文件。

客户要求翻译公司交付编译后的简体中文的联机帮助文件，以及编译后的编译环境文件，TMX 格式的翻译记忆库，最终的术语文件（SDLTB 格式），项目实施中的 Microsoft Excel 格式的问题（Query）表。

(二)项目分析

本项目属于软件联机帮助的本地化项目，首先根据项目特点和客户要求，确定项目实施流程和计算机辅助翻译工具。

经过分析，本项目的实施流程如下：

(1)分析客户提供的联机帮助编译环境文件的结构，确定编译联机帮助文件所需要的软件名称和版本。

(2)从编译环境中选择需要翻译的文件，分析文件类型，分析文件字数，统计工作量。

(3)进行翻译、编辑和校对。在翻译过程中，根据客户的要求选择合适的计算机辅助翻译软件，得到最终的翻译记忆库和术语文件。

(4)翻译、编辑和校对后，进行译文质量检查，修改发现的缺陷。

(5)将翻译后的文件放置在编译环境中，使用编译联机帮助文件的软件编译出简体中文的联机帮助文件。

(6)对编译后的联机帮助文件进行测试，修正发现的缺陷。

(7)更新项目实施过程中的 Query 表，按照客户的要求交付所需要的文件包。

经过分析，本项目的计算机辅助翻译工具如下：

(1)由于客户提供的联机帮助编译环境中的项目文件为 MPJ 格式，因此选择使用 RoboHelp X3 作为编译中文联机帮助文件的工具。

(2)由于客户要求交付 TMX 格式的翻译记忆库文件，而没有指定何种计算机辅助翻译软件，因此根据项目团队的知识技能，选择团队成员熟悉的 SDL Trados 软件进行翻译。

（3）由于客户已经提供了术语文件，要求交付最终版的术语文件，考虑到翻译过程中将会添加或修改术语及其译文，而且为了确保翻译过程中术语一致性，提高翻译质量，因此使用 SDL MultiTerm 管理术语。

（4）由于需要翻译的文件中包含扩展名为 JPG 的 2 个图像文件，图像文件中的英文需要翻译成中文，因此采用 Adobe Photoshop 翻译图像文件中的文字。

（5）由于文件数量较多，因此安排多个翻译人员协同翻译。为了保证译文术语和句子的一致性，使用 ApSIC Xbench 进行译文质量检查。

（三）项目实施

根据前面确定的实施流程，将项目分为译前准备阶段、翻译阶段、译后编译和测试阶段。下面介绍计算机辅助翻译在各个阶段的应用。

1. 译前准备阶段

译前准备阶段的任务包括抽取需要翻译的文件，将 Microsoft Excel 格式的术语文件转换为 SDL MultiTerm 格式的文件，准备 SDL Trados Studio 软件用于翻译。

（1）抽取需要翻译的文件。客户提供的源语言联机帮助编译环境文件夹结构如图 11.1 所示。

图 11.1　源语言联机帮助编译环境文件夹结构

由于客户提供的此联机帮助编译环境中的项目文件为 MPJ 格式，是应用 RoboHelp 软件创建的，因此，根据 RoboHelp 创建的联机帮助文件的结构特点，结合客户提供的具体文件夹结构，经过分析，需要翻译的文件分为 HHC，HHK，HTM，JPG 文件，分别位于 Source_Online_Help 文件夹，mpnoz_buch，mpnoz_kontext 文件夹。将这些文件和文件夹名称等信息保存在一个 Microsoft Word 文件中，如图 11.2 所示，发给翻译人员在翻译时参考。

Translated files list

There are 14 files have been localized (10 htm, 1 hhk, 1 hhc, 2 jpg) and are listed as below:

(1) All files (8 htm and 2 jpg) under the folder "\Source_Online_Help\mpnoz_buch"

- tex_Der_PNOZmulti_Configurator.htm
- tex_Ein-_und_Ausgaenge.htm
- tex_einfuehrung.htm
- tex_Eingangselemente.htm
- tex_Logikelemente.htm
- tex_projekt.htm
- tex_Verknuepfungen.htm
- tex_Zeitglieder.htm
- Z-PNOZmulti-Einleitung1-GB.jpg
- Z-PNOZmulti-Einleitung2-GB.jpg

(2)All files (2 htm) under the folder "\Source_Online_Help\mpnoz_kontext"

- DIA_download_x.htm
- DIA_hwsettings_x.htm

(3) 2 files under the root folder "\Source_Online_Help"

- mpnoz-help.hhc
- mpnoz-help.hhk

图 11.2　抽取的待译文件列表

（2）转换术语文件格式。客户提供的原始术语文件为 Microsoft Excel 格式，如图 11.3 所示，需要使用 SDL MultiTerm Convert 转换为 MultiTerm 的 SDLTB 格式。

	A	B
1	**English**	**Chinese**
2	rounded down value	旋转下限值
3	plug terminator	插拔式接线端
4	Axis data	轴数值
5	Axis	轴向
6	axis type	轴类型
7	Activate	激活
8	American Style	美式
9	Connection	连接
10	Unit	单元
11	start-up	启动
12	Start-up Test	启动测试
13	Connection	连接
14	connection point	连接点
15	Source Connection Point	源连接点
16	Find Connection Point	寻找连接点
17	Destination Connection Point	目标连接点
18	connection square	连接区域
19	response value	响应值
20	Drive	驱动
21	user program	用户程序
22	event limit	事件限制
23	Application	应用
24	application example	应用示例

图 11.3　Microsoft Excel 格式的术语文件的部分术语内容

使用 SDL MultiTerm Convert 将 Microsoft Excel 文件的术语转换为适合 MultiTerm 处理的方式，转换过程如图 11.4 所示。

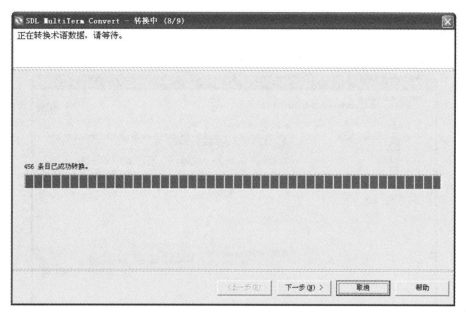

图 11.4 MultiTerm Convert 转换术语文件格式过程

转换后得到 3 个文件：XDT、XML、LOG 文件。其中 XDT 是 SDL MultiTerm 支持的术语结构定义文件，XML 是术语词条内容文件，LOG 是转换过程的日志文件。

下面使用 SDL MultiTerm Desktop 工具创建术语库文件，将上述 XDT 和 XML 文件导入新建的术语库文件中，导入后的术语内容如图 11.5 所示。

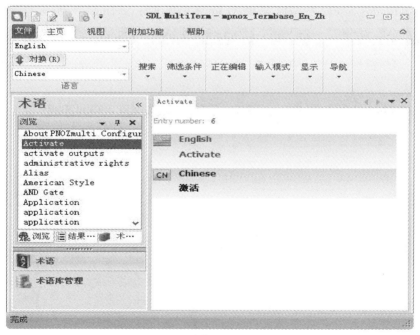

图 11.5 导入后的 MultiTerm 术语库

2.翻译阶段

（1）翻译 HTM、HHC、HHK 文件。HTM、HHC 和 HHK 文件可以使用 SDL Trados

Studio 翻译，先创建 Trados 项目文件，创建翻译记忆库文件，添加 MultiTerm 术语库文件，然后进行翻译。

创建 SDL Trados Studio 的翻译记忆库，如图 11.6 所示。

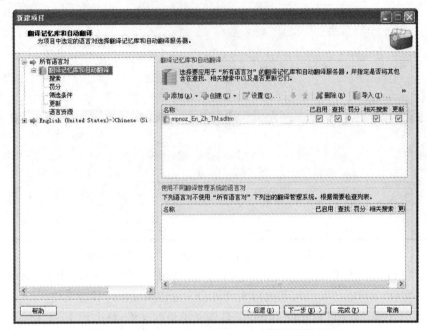

图 11.6　在 SDL Trados Studio 中创建翻译记忆库

在 SDL Trados Studio 中添加 MultiTerm 术语库文件，如图 11.7 所示。

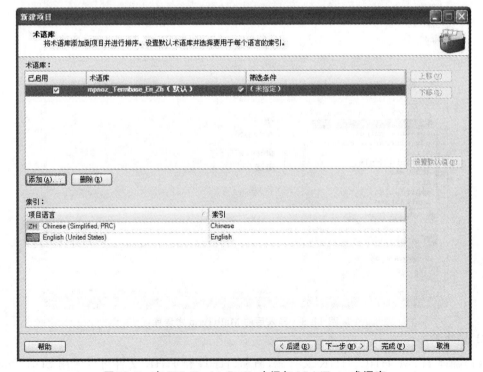

图 11.7　在 SDL Trados Studio 中添加 MultiTerm 术语库

在 SDL Trados Studio 的"报告"视图中,可以看到本项目需要翻译的文件的字数信息,如图 11.8 所示。

图 11.8　项目文件中的字数信息

说明:获得项目文件的字数信息是项目管理的一项任务,通常在项目准备阶段完成,方法同上。

接下来译员可以在 SDL Trados Studio 中翻译所需要的文件了,翻译过程中遇到术语库中的术语,Trados Studio 将动态提示,如图 11.9 所示。

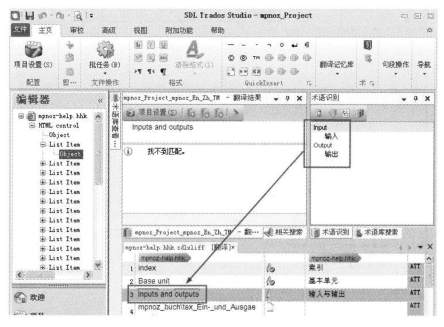

图 11.9　使用 SDL Trados Studio 翻译文件时动态提示术语

将需要翻译的 HTM、HHC 和 HHK 文件都翻译完毕。

(2)翻译 JPG 文件。由于客户没有提供 PSD 格式的图像文件,因此,直接使用 Adobe

Photoshop 打开 JPG 文件,删除其中的英文,替换为中文。

使用 Photoshop 处理后的一个中文 JPG 内容如图 11.10 所示。

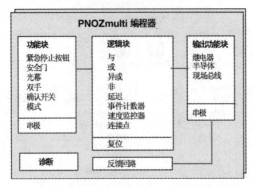

图 11.10　使用 Photoshop 处理后的中文 JPG 文件内容

(3)检查译文文件。由于文件较多,多个翻译人员分别翻译不同的文件,为了保证翻译后的译文在内容、格式和术语方面一致,除了进行手工编辑和审校外,还需要使用 ApSIC Xbench 等质量检查工具进行自动化检查,并得到 HTML 格式的译文质量检查报告。

下面以使用 Xbench 检查 Trados Studio 翻译后的一批双语 SDLXLIFF 文件的术语一致性为例,说明计算机辅助翻译质量检查工具 Xbench 在译文检查中的作用。

现将 Microsoft Excel 格式的基本术语文件另存为 TXT 格式,在 Xbench 中创建项目,添加需要检查的 SDLXLIFF 文件,添加术语文件,设置检查术语不匹配项,执行检查结果,如图 11.11 所示。

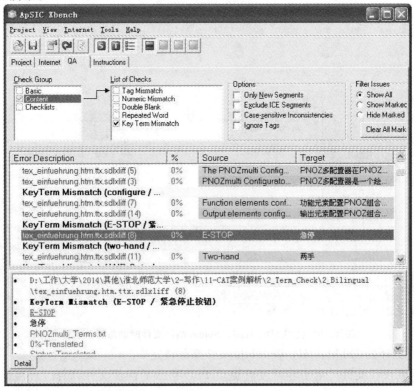

图 11.11　使用 ApSIC Xbench 检查 SDLXLIFF 术语翻译的一致性

根据需要,可以将检查的结果导出为 HTML 格式的质量检查报告,发给项目经理和翻译人员进行修改。

3.译后编译和测试阶段

将经过审校的最终译文文件替换客户提供的联机帮助编译环境文件夹下的同名文件,使用 RoboHelp 编译成简体中文的联机帮助文件,如图 11.12 所示。在浏览器中打开编译后的联机帮助文件,执行本地化测试,重点是测试是否有乱码字符,是否有漏译的页面,是否有错误的链接,是否有错误的译文等。修改测试发现的缺陷,重新编译,再次测试,确保简体中文的联机帮助文件内容和格式正确。

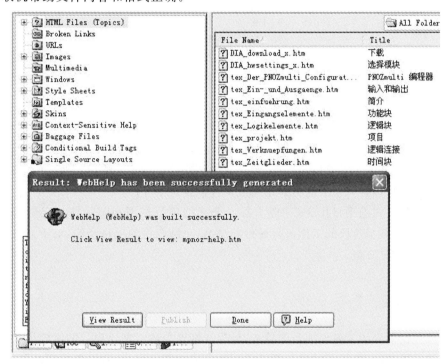

图 11.12 使用 RoboHelp 编译生成简体中文联机帮助文件

(四)项目交付与总结

根据客户提交 TMX 翻译记忆库格式文件的要求,在 SDL Trados Studio 的"翻译记忆库"视图中,打开审校后的项目翻译记忆库文件,导出为 TMX 格式,导出操作如图 11.13 所示。

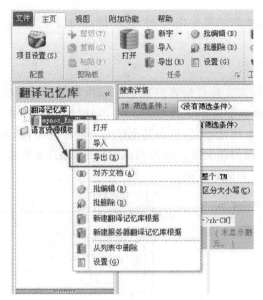

图 11.13　在 Trados Studio 中导出 TMX 翻译记忆库文件

　　根据客户的要求，整理翻译和编译过程中的问题，存储为 Microsoft Excel 文件的问题表，整理经审校确认的 SDL MultiTerm 术语文件（SDLTB 格式），整理本地化的编译环境文件夹。将以上文件以客户要求的格式压缩成文件包发送给客户。

　　客户与翻译公司的项目代表（一般为翻译公司的项目经理和团队核心成员）就项目准备、实施和交付等各个阶段的工作进行评价和总结，总结取得的项目经验，对于发现的问题，分析原因，提出改进方案。

七、总结

　　本章首先简要介绍了翻译项目的特点，较为详细地论述了翻译项目的实施流程，总结了翻译管理系统的功能，分析了常见的翻译管理系统的功能特征，最后以软件产品联机帮助翻译项目为例，详细介绍了各种计算机辅助翻译在翻译项目准备、实施、交付过程中的应用。

　　随着市场竞争和企业全球化的发展，翻译项目呈现语种多、文件类型多、时间紧、质量要求高等特征。为此，需要加强项目管理、采用翻译管理系统、提高信息化管理能力，通过优化翻译项目实施流程，采用多种计算机辅助翻译工具，提高翻译项目的执行效率和译文质量，通过客户方与翻译公司项目团队的积极交流，提供令交付客户满意的、符合市场用户需求的服务和产品。

练习题

　　1.论述当前翻译项目的基本特征。

　　2.列出翻译管理系统的基本功能，并分析当前市场典型的翻译管理系统的功能特征。

　　3.论述软件联机帮助翻译项目各个阶段需要使用哪些计算机辅助翻译工具。

参考文献

[1] 安沁,何大顺.浅议计算机辅助翻译在翻译中的应用[J].英语广场(学术研究),2014,04:24、25.

[2] 奥香兰.翻译记忆库的建设与维护[D].上海外国语大学,2012.

[3] 鲍舒燕.语言逻辑习惯差异下的计算机辅助翻译通用性研究[J].管理工程师,2013,06:37—39.

[4] 陈吉荣.计算机辅助翻译教学再认识[J].内江师范学院学报,2013,09:89—92.

[5] 陈建平.国内应用翻译研究:回顾与展望[J].宁波大学学报(人文科学版),2010,01:40—45.

[6] 陈了了.计算机辅助翻译与翻译硕士专业学位概述[J].南昌教育学院学报,2011,02:140、142.

[7] 陈思莉.当今互联网科技时代下计算机辅助翻译的优势和局限性探究[J].电子测试,2013,14:243、244.

[8] 陈谊,范姣莲.计算机辅助翻译——新世纪翻译的趋势[J].中国现代教育装备,2008,12:30—32.

[9] 程林华,刘芹,禹一奇.翻译市场导向的翻译人才培养研究——以理工科 MTI 为例[J].语文学刊(外语教育教学),2012,11:59—62.

[10] 程永红.合作开发"面向国际标准的计算机辅助翻译系统"[J].术语标准化与信息技术,2005,02:30.

[11] 崔启亮.本地化项目的分层质量管理[J].中国翻译,2013(2).

[12] 崔启亮.翻译与本地化工程技术实践[M].北京:北京大学出版社,2011.

[13] 崔启亮.高校 MTI 翻译与本地化课程教学实践[J].中国翻译,2012,01:29—34、122.

[14] 崔启亮.论机器翻译的译后编辑[J].中国翻译,2014,06:68—73.

[15] 崔启亮.信息技术驱动下的翻译嬗变[EB/OL].http://www.giltworld.com/E_ReadNews.asp? NewsId=789.

[16] 崔艺楠.论计算机辅助翻译带来的变革和威胁[J].北方文学(下半月),2011,12:91.

[17] 单昱.计算机辅助翻译技术在应用型英语教学中的运用[J].职业技术教育,2013,23:48、49.

[18] 董洪学,韩大伟.理工科院校翻译专业硕士教学中计算机辅助翻译课程的设计研究[J].中国大学教学,2012,09:63—65.

[19] 杜洁,牟磊.网络环境下计算机辅助翻译人才校企合作培养模式初探——城市型大学高素质产业化外语专业人才培养[J].成都大学学报(教育科学版),2009,01:14—16.

[20] 朵宏威.信息化时代背景下基于计算机辅助翻译技术的译者主体性研究[J].云南社会主义学院学报,2013,05:316、317.

[21] 房田,石美珍.旅游外宣资料小型语料库建设及应用——以山东省旅游外宣为例[J].海外英语,2011,09:210、211.

[22] 丰燕.独立学院英语专业开设计算机辅助翻译课程探析[J].晋城职业技术学院学报,2013,06:46—49.

[23] 冯曼,高军.Trados软件在科技英语翻译中发挥的作用[J].语文学刊(外语教育教学),2013,10:53、54、56.

[24] 冯志伟.机器翻译研究[M].北京:中国对外翻译出版公司,2004.

[25] 冯志伟.现代术语学引论[M].北京:语文出版社,1997.

[26] 傅彦夫.翻译记忆理论及几款计算机辅助翻译软件评介[J].湖南医科大学学报(社会科学版),2010,02:107、108、112.

[27] 高赫.计算机辅助翻译记忆库TMX文件的自动生成机制研究[D].北京外国语大学,2014.

[28] 高志军.计算机辅助翻译工具测评框架初探[J].中国翻译,2013,05:70—76.

[29] 郜万伟.计算机辅助翻译在翻译教学中的应用[J].新乡学院学报(社会科学版),2010,06:192—194.

[30] 古丽松·那斯尔丁.维汉计算机辅助翻译工具[J].微计算机信息,1996,05:33—35.

[31] 桂文.提高翻译效率的一种新途径:用计算机辅助翻译[J].中国翻译,1992,01:53、54.

[32] 郭红.计算机辅助翻译教学的一种尝试[J].外语界,2004,05:54—61.

[33] 韩阳.机器翻译及计算机辅助翻译面面观[J].今日科苑,2006,11:93.

[34] 何凤霞.计算机辅助翻译系统的教学方法探讨[J].考试周刊,2013,72:157、158.

[35] 何站涛,韩兆强,闫栗丽.机器翻译质量的研究与探讨[A].中国中文信息学会、中国人工智能学会.机器翻译研究进展——2002年全国机器翻译研讨会论文集[C].中国中文信息学会、中国人工智能学会,2002:6.

[36] 贺学耘,廖冬芳,周维.渥太华大学翻译学院本科翻译专业课程设置:解读及启示[J].外国语文,2013,03:98—102.

[37] 侯晓华,刘定远.浅析机器翻译的发展趋势[J].山西广播电视大学学报,2007,03:69、70.

[38] 胡永华.英文译文质量自动评测技术的研究[D].沈阳航空工业学院,2010.

[39] 黄凤,刘文.翻译专业硕士教学中计算机辅助翻译课程开设的探讨[J].牡丹江大学学报,2013,05:173—175.

[40] 黄凤,刘文.计算机辅助翻译在翻译专业硕士(MTI)教学中的反思[J].商,2012,20:180.

[41] 贾顺厚.试论计算机辅助翻译环境下的质量管理[J].语文学刊(外语教育教学),2014,11:27—30,38.

[42] 贾欣岚,张健青.选择恰当的计算机辅助翻译工具[J].术语标准化与信息技术,2003,03:33—35.

[43] 江润洲.计算机辅助翻译(CAT)技术的教学现状调查报告[D].广东外语外贸大

学,2014.

[44]蒋丽平.ESP 教学新模式探究——计算机辅助翻译教学[J].教育与教学研究,2013,06:87—90.

[45]靳光洒.计算机辅助翻译技术的现状与发展趋势论析[J].沈阳工程学院学报（自然科学版）,2010,03:264—266、280.

[46]赖怡霏.机器翻译与计算机辅助翻译的比较研究[J].德宏师范高等专科学校学报,2014,02:97—99、85.

[47]蓝瞻瞻.计算机辅助翻译双语语料库的研建[J].电子测试,2013,09:203、204.

[48]李丹,刘芹,禹一奇.我国翻译硕士专业之计算机辅助翻译课程调查[J].语文学刊（外语教育教学）,2013,02:118—120.

[49]李俊.计算机辅助翻译软件的应用[J].语文学刊（外语教育教学）,2013,10:72、94.

[50]李丽敏.计算机辅助翻译技术及其教学探索[J].吉林省教育学院学报（上旬）,2014,03:45、46.

[51]李留涛.传统翻译教学和基于计算机辅助翻译教学的对比研究[J].沙洋师范高等专科学校学报,2010,05:72、73.

[52]李鲁.机器翻译与计算机辅助翻译研究与探索[J].东南大学学报（哲学社会科学版）,2002,03:175—179.

[53]李平.基于 Internet 的人机互助机器翻译技术的研究[D].内蒙古大学,2012.

[54]李伟.Trados 辅助翻译软件在科技英语翻译中的应用[D].华中师范大学,2012.

[55]李先玲.高校计算机辅助翻译（CAT)技术的教学现状调查及其改进策略研究[D].上海外国语大学,2012.

[56]李向林.计算机辅助翻译[N].中国计算机报,2000-07-24(D09).

[57]李艳勤.浅析计算机辅助翻译中的翻译记忆技术和软件[A].福建省外国语文学会.福建省外国语文学会 2010 年年会论文集[C].福建省外国语文学会,2010:13.

[58]梁爱林.计算机辅助翻译的优势和局限性[J].中国民航飞行学院学报,2004,01:23—26.

[59]梁三云.机器翻译与计算机辅助翻译比较分析[J].外语电化教学,2004,06:42—45.

[60]刘常民.翻译技术:一柄双刃剑[J].台州学院学报,2014,04:46—49.

[61]刘宏伟.浅谈机器翻译与机器翻译教学[J].长沙师范专科学校学报,2009,06:53—57.

[62]刘明,崔启亮.本地化行业的入门地图——《本地化与翻译导论》介评[J].民族翻译,2012,03:54—59.

[63]刘思.论计算机辅助翻译技术的优势与不足[J].重庆电子工程职业学院学报,2014,06:89—91.

[64]刘宇松.模因论视角下的 MTI 笔译教学现状与思考——以某省三所大学 MTI 笔译教学为例[J].齐鲁师范学院学报,2014,03:30—34.

[65]陆玉梅.计算机辅助翻译下的外贸合同翻译[J].青年作家,2014,16:170、165.

[66]路光泰.现代化的翻译工具——《石油物探计算机辅助翻译系统》[J].石油地球物

理勘探,1989,03:270.

[67]吕立松,穆雷.计算机辅助翻译技术与翻译教学[J].外语界,2007,03:35—43.

[68]吕婷.机器辅助翻译研究[D].电子科技大学,2013.

[69]骆幼丁.CAT in Cyberspace——浅谈网络时代的计算机辅助翻译[J].四川教育学院学报,2005,S1:173—175.

[70]马俊波.计算机辅助翻译刍议[J].武汉职业技术学院学报,2005,03:81—84.

[71]马璇.计算机辅助翻译(CAT)专业你不知道的10件事[J].求学,2014,16:69—71.

[72]苗天顺.计算机辅助翻译课程的探索与创新[J].大学英语(学术版),2010,02:227—229.

[73]莫宇驰,杨雄琨.翻译人才培养与计算机辅助翻译教学[J].大家,2012,11:234—236.

[74]那洪伟.计算机辅助翻译教学的课程探索与设计[J].中国校外教育,2013,15:60.

[75]蒲欣玥,高军.翻译人才培养模式的思考[J].语文学刊(外语教育教学),2012,12:81、82.

[76]钱多秀."计算机辅助翻译"课程教学思考[J].中国翻译,2009,04:49—53、95.

[77]钱多秀.计算机辅助翻译[M].北京:外语教学与研究出版社,2011.

[78]任诚刚.计算机辅助翻译成败刍议——以韩国影视剧台词语料库机器与人工汉英翻译比较为例[J].云南农业大学学报(社会科学版),2014,01:94—98.

[79]尚娟,王跃洪.计算机辅助翻译在翻译硕士培养中的应用[J].语文学刊(外语教育教学),2013,02:125、126、128.

[80]邵艳秋.机器翻译相关术语简介[J].术语标准化与信息技术,2010,01:25—27、35.

[81]石东,郭洁.翻译经济:期待产业化[J].瞭望新闻周刊,2003,47.

[82]宋平锋.网络环境下的"工作坊式"翻译教学实践[J].南昌工程学院学报,2011,05:93—96.

[83]宋新克,张平丽,程悦.本科英语专业计算机辅助翻译教学中学习动机与需求调查研究[J].皖西学院学报,2011,03:44—46.

[84]宋新克,张平丽,王德田.应用型本科翻译人才培养中的课程设计改革——以河南财经政法大学成功学院计算机辅助翻译课程设计改革为例[J].新乡学院学报(社会科学版),2010,06:189—191.

[85]宋新克.应用型本科高校计算机辅助翻译课程设置研究[J].绍兴文理学院学报(自然科学),2012,03:81—83.

[86]苏明阳,丁山.翻译单位研究对计算机辅助翻译的启示[J].外语研究,2009,06:84—89.

[87]孙娜.计算机辅助翻译与英语新闻编译的教学方法论——Access数据库应用[J].海外英语,2013,21:182—188.

[88]谭思蓉.计算机辅助翻译技术在校企合作翻译教学中的应用[J].高等函授学报(哲学社会科学版),2011,10:72—75.

[89]唐祥金.计算机辅助翻译与翻译能力培养[J].淮阴师范学院学报(自然科学版),2013,01:76—80.

[90] 陶军海.基于语料库及计算机辅助翻译软件的翻译教学实证研究[J].浙江海洋学院学报(人文科学版),2014,05:93－97.

[91] 田雨.译者的得力助手:CAT 软件——以 Déjà Vu 为例[J].文学界(理论版),2010,10:174、175.

[92] 王华树,冷冰冰,崔启亮.信息化时代应用翻译研究体系的再研究[J].上海翻译,2013,01:7－13.

[93] 王华树,张政.面向翻译的术语管理系统研究[J].中国科技翻译,2014,1.

[94] 王华树.国内高校"计算机辅助翻译"课程名称探究[J].中国校外教育,2014,15:166、167.

[95] 王华树.信息化时代的计算机辅助翻译技术研究[J].外文研究,2014,03:92－97、108.

[96] 王华树.计算机辅助翻译实践[M].北京:国防工业出版社,2016.

[97] 王华伟,王华树.翻译项目管理实务[M].北京:中国对外翻译出版有限公司.2013.

[98] 王建新.介绍当代三个英语语料库[J].外语教学与研究,1996,03:34－37.

[99] 王建新.谈谈英国国家语料库的设计与内容[J].解放军外国语学院学报,1999,S1:44－46.

[100] 王菁.影响翻译记忆中相似性的因素及解决方法建议[J].海外英语,2010,11:285、286、288.

[101] 王磊,许耀元.计算机辅助翻译工具在我国立法文本英译中的适用[J].佳木斯教育学院学报,2011,02:343.

[102] 王立非,王金铨.计算机辅助翻译研究方法及其应用[J].外语与外语教学,2008,05:41－44.

[103] 王明明.计算机辅助翻译与翻译专业教学[J].湖北经济学院学报(人文社会科学版),2012,10:197、198.

[104] 王少爽,冯晓辉.面向译者信息素养的教程——《计算机辅助翻译》述评[J].英语教师,2013,11:67－70.

[105] 王少爽.欲善其事先利其器——《翻译与技术》介评[J].中国科技翻译,2010,02:61－64.

[106] 王彦玲.计算机辅助翻译在英语翻译教学中的应用探究[J].电子测试,2014,17:155、156.

[107] 王焱.谈计算机辅助翻译(CAT)在翻译人才培养中的应用[J].江苏技术师范学院学报,2012,05:130－133.

[108] 王怿旦,张雪梅.关于民办高校英语专业开展计算机辅助翻译教学的研究[J].徐州师范大学学报(教育科学版),2012,01:51－54.

[109] 王正,孙东云.利用翻译记忆系统自建双语平行语料库[J].外语研究,2009,05:80－85.

[110] 魏长宏.PDF 文件的译前转换[J].鞍山师范学院学报,2010,02:54、55.

[111] 魏晓芹.大学英语翻译教学中 CAT 的应用[J].考试周刊,2009,02:130、131.

[112] 文军,任艳.国内计算机辅助翻译研究述评[J].外语电化教学,2011,03:58－62.

[113] 吴迪.翻译记忆库的作用与创建[D].上海外国语大学,2014.

[114] 吴松林.计算机辅助翻译谈[J].科技资讯,2006,06:80、81.

[115] 吴雪颖.句子层级平行教学语料库的构建[J].英语教师,2011,01:30—33、39.

[116] 吴赟.计算机辅助翻译系统在翻译教学中的应用[J].外语电化教学,2006,06:55—58、69.

[117] 谢盛良.论计算机辅助下的翻译能力拓展[J].英语广场(学术研究),2013,09:3—5.

[118] 熊菲.两种计算机辅助翻译软件的应用功能比较[J].重庆科技学院学报(社会科学版),2012,23:202—204.

[119] 熊晶,高峰,吴琴霞.甲骨文计算机辅助翻译技术研究[J].科学技术与工程,2014,02:179—182、195.

[120] 熊秋平,管新潮.基于工作研究的计算机辅助翻译系统 CorpTrans 软件设计[J].工业工程与管理,2011,02:134—138.

[121] 徐彬,郭红梅,国晓立.21世纪的计算机辅助翻译工具[J].山东外语教学,2007,04:79—86.

[122] 徐彬,郭红梅.计算机辅助翻译环境下的质量控制[J].山东外语教学,2012,05:103—108.

[123] 徐彬.计算机辅助翻译环境下的质量控制[J].山东外语教学,2012(5).

[124] 徐彬.计算机辅助翻译教学——设计与实施[J].上海翻译,2010,04:45—49.

[125] 许汉成,何淑琴.计算机辅助翻译软件 WordFisher 评介[J].中国科技翻译,2002,02:30—33.

[126] 许云峰.基于信息技术的计算机辅助翻译理论与实践[J].航空科学技术,2014,06:54—57.

[127] 许智坚.信息技术环境下的电子翻译工具[J].嘉应学院学报,2011,01:91—96.

[128] 薛文枫.中国机器翻译软件与计算机辅助翻译软件的发展与现状[J].西南民族大学学报(人文社科版),2008,S1:56、57.

[129] 闫冰.TRADOS 在促进译者快速学习和提高翻译产出效率方面的积极作用[D].上海外国语大学,2012.

[130] 杨蓓.国内翻译市场发展情况剖析[J].科技资讯,2010,27:228、229.

[131] 杨博.计算机辅助翻译与教学——综述4所高校开设的计算机辅助翻译课程[J].才智,2012,12:284、285.

[132] 杨江,滕超.计算机辅助翻译串联的翻译专业学生培养构想[J].当代教育理论与实践,2014,12:95—97.

[133] 杨清珍,崔启亮.应用视角下的翻译质量评估研究——《翻译质量评估研究视角》述评[J].民族翻译,2014,02:93—96.

[134] 杨杨.术语自动抽取效率对比实验报告[D].大连海事大学,2014.

[135] 姚晓鸣.计算机辅助翻译在英语本科翻译实践教学中的应用研究[J].海外英语,2012,13:15—17.

[136] 姚秀菊,刘芹,禹一奇.从译者角度探讨 CAT 软件的应用及发展——以 Trados

为例[J].语文学刊(外语教育教学),2013,03:39—41.

[137]叶娜,张桂平,韩亚冬,蔡东风.从计算机辅助翻译到协同翻译[J].中文信息学报,2012,06:1—10.

[138]叶娜,张桂平,韩亚冬,蔡东风.基于用户行为模型的计算机辅助翻译方法[J].中文信息学报,2011,03:98—103.

[139]易礼燕.计算机辅助翻译软件[J].计算机光盘软件与应用,2014,09:207、208.

[140]俞敬松,王华树.计算机辅助翻译硕士专业教学探讨[J].中国翻译,2010,03:38—42、96.

[141]俞敬松,王惠临,王聪.翻译技术认证考试的设计与实证[J].中国翻译,2014,04:73—78.

[142]俞敬松."计算机辅助翻译原理与实践"在"学堂在线"实现 MOOC 教学有感[J].工业和信息化教育,2014,11:68—74.

[143]俞敬松.北京大学的翻译技术教育与翻译案例教学支持平台[A].博雅翻译文化沙龙.2011 年中国翻译职业交流大会论文集[C].博雅翻译文化沙龙,2011:19.

[144]俞士汶.北京大学软件与微电子学院计算机辅助翻译硕士专业方向招生通报[J].外语电化教学,2006,05:27.

[145]袁良平,汤建民.2001—2006 年国内翻译研究的计量分析——基于 3 种翻译研究核心期刊的词频统计[J].上海翻译,2007,03:19—22.

[146]袁亦宁.国外计算机翻译的发展和近况[J].上海科技翻译,2002,02:58、59.

[147]曾立人,肖维青,闫栗丽.基于云服务的校企合作翻译教学生产平台设计研究[J].上海翻译,2012,04:47—52.

[148]张春国.工艺语句汉英计算机辅助翻译系统关键技术研究[D].南京航空航天大学,2004.

[149]张冬妮.科技文献项目管理方式协同翻译[J].科技信息,2008,4.

[150]张国霞,蒋云磊.浅议计算机辅助翻译软件[J].中国现代教育装备,2009,15:50—52.

[151]张俐,胡明函,李晶皎,何荣伟.满汉计算机辅助翻译系统的满文字符编码[J].东北大学学报,2002,02:119—122.

[152]张平丽,宋新克,王德田.论创生取向的计算机辅助翻译课程实施策略[J].邯郸职业技术学院学报,2010,03:94—96.

[153]张倩.计算机辅助翻译的应用[J].鸡西大学学报,2012,06:74、75.

[154]张树纯.瞄准科技前沿馆校协力攻关——《满汉文计算机辅助翻译系统》通过鉴定[J].兰台世界,2000,12:1.

[155]张天,孙毓川.互联网云计算的翻译模式研究[J].中外企业家,2013,17:210、211.

[156]张婷婷,崔建明.计算机辅助翻译教学的优势及模式探讨[J].大家,2011,02:203、204.

[157]张薇薇.计算机辅助翻译与教学设计探讨[J].科技视界,2013,01:21、22.

[158]张武江,张笛欣.专业英语的计算机辅助翻译教学研究[J].安康学院学报,2013,06:84—86.

[159] 张燕清,金鑫.计算机辅助翻译:翻译者的新技术[J].技术与创新管理,2009,06:810—812.

[160] 张艺鸣,陈达.计算机辅助翻译与人才的培养[J].青年文学家,2013,01:175、176.

[161] 张永胜,刘芹,禹一奇.从译者角度论 CAT 在 MTI 笔译课程中的应用效能[J].语文学刊(外语教育教学),2013,07:45—48.

[162] 张宇浩,彭庆华.浅析计算机辅助翻译中的译者主体性[J].长春工业大学学报(高教研究版),2014,01:142—144.

[163] 章宜华.计算机辅助翻译漫谈[J].上海科技翻译,2002,01:55—57.

[164] 赵善祥,刘万军.翻译记忆中数据筛选方法的研究[J].计算机系统应用,2009,04:109—113.

[165] 中华人民共和国国家质量监督检验检疫总局.翻译服务译文质量要求(GB/T19682—2005)[Z].2005.

[166] 钟晓峰.CAT 技术与翻译教学漫谈[J].教育与职业,2010,33:125、126.

[167] 周杰.互联网搜索引擎辅助翻译研究[J].外语电化教学,2007,05:62—65.

[168] 周俊博.国内计算机辅助翻译研究:现状与展望[J].长春教育学院学报,2013,18:33、35.

[169] 周双.计算机辅助翻译软件可用性研究[D].浙江师范大学,2014.

[170] 周伟,高蓓.计算机辅助翻译(CAT)项目学习教学策略研究与设计[J].华中师范大学学报(人文社会科学版),2014,S7:173—176.

[171] 周兴华.计算机辅助翻译教学:方法与资源[J].中国翻译,2013,04:91—95.

[172] 周兴华.雪人 CAT 标准版功能评析[J].中国校外教育,2012,30:158、159、176.

[173] 周星.双语辅助翻译搜索引擎若干问题研究[D].武汉理工大学,2009.

[174] 朱良.计算机辅助翻译在 ICSC 卡片上的应用[J].中国科技翻译,2005,01:25—27、17.

[175] 朱玉彬,陈晓倩.国内外四种常见计算机辅助翻译软件比较研究[J].外语电化教学,2013,01:69—75.

[176] 朱玉彬.技以载道,道器并举——对地方高校 MTI 计算机辅助翻译课程教学的思考[J].中国翻译,2012,03:63—65.

[177] 庄小萍.论机器翻译与人工翻译的结合[J].宜宾学院学报,2007,08:97—99.

[178] 邹斯彧,刘桂兰.工程翻译人才培养实践教学探讨[J].兰州教育学院学报,2011,01:142、143.

[179] 左立.计算机辅助翻译工具及其在翻译教学中的应用[J].牡丹江教育学院学报,2010,01:136、137.

[180] 左庆昭.机辅翻译软件在英汉科技文本翻译中的应用研究[D].山东大学,2012.